舟山海域海洋生物
野外实习指导手册

王健鑫　赵盛龙　陈　健◎编著

海洋出版社

2016年·北京

内 容 简 介

主要内容： 为配合"长江口及其邻近海域海洋生物野外实践项目"开展，依托"长江口及其邻近海域海洋科学野外综合实践教育基地"，作者基于多年来从事舟山海域海洋生物野外实习教学工作的经验和大量标本资料的积累编写了此书。本书共收录了实习基地所在海域的 900 余种海洋生物，并配有彩色图片，对其形态特征、生态习性、分布等进行了概括描述。

本书特色： 本书结合现代海洋科学类专业人才培养需求，着重突出科学性、实用性和系统性；书中附有各物种二维码，读者如果想进一步详细了解本书所收录的海洋生物物种信息，可扫描对应物种的二维码，平台由浙江海洋大学海洋生物博物馆数据库提供数据支撑（http://cvmbm.zjou.edu.cn）。

适用范围： 本书可作为高等院校海洋科学与生命科学相关专业学生的野外实习教材，也可供高等院校涉及海洋生物的其他专业学生、中学生物学教师、海洋生物多样性保护工作者及海洋生物业余爱好者参考，还可供读者用于海洋生物的图片欣赏。

图书在版编目(CIP)数据

舟山海域海洋生物野外实习指导手册 / 王健鑫，赵盛龙，陈健编著. — 北京：海洋出版社，2016.7

ISBN 978-7-5027-9529-0

Ⅰ. ①舟⋯ Ⅱ. ①王⋯ ②赵⋯③陈⋯ Ⅲ. ①海洋生物－教育实习－舟山市－手册 Ⅳ. ①Q178.53-62

中国版本图书馆 CIP 数据核字(2016)第 153252 号

策划编辑： 郑跟娣	**发行部：** 010-62174379 （传真）010-62132549
责任编辑： 郑跟娣	010-68038093 （邮购）010-62100077
责任校对： 肖新民	**网 址：** www.oceanpress.com.cn
责任印制： 赵麟苏	**承 印：** 北京朝阳印刷厂有限责任公司
排 版： 申彪	**版 次：** 2016 年 7 月第 1 版
出 版： 海洋出版社	2016 年 7 月第 1 次印刷
地 址： 北京市海淀区大慧寺路 8 号（716 房间）	**开 本：** 787mm×1092mm 1/16
邮 编： 100081	**印 张：** 12
字 数： 250 千字	**定 价：** 49.00 元

本书如有印、装质量问题可与本社发行部联系调换

本社教材出版中心诚征教材选题及优秀作者，邮件发至 hyjccb@sina.com

浙江海洋大学特色教材编委会

前 言

　　海洋科学研究的对象是海洋及与之密切相关联的大气圈、岩石圈、生物圈，其研究必须依赖于直接的观测，尤其是需要长期、连续、系统而多层次、有区域代表性的海洋考察。海洋生物是海洋科学研究的重要领域，其生物多样性及与海洋环境之间的关系一直是海洋生物学的核心内容，海洋生物野外实习更是海洋科学类专业教学极其重要的一个环节。通过海洋生物野外实践，不仅能使学生加深对理论知识的感性认知，培养学生扎实的野外工作能力，同时也能使学生从多年的数据变化中发现问题，增强对海洋生物多样性现状和趋势的理解，提升学生"认识海洋、关爱海洋、经略海洋"的意识和能力。

　　舟山海域位于长江口和东海沿岸生态系统的核心区域，同时又是岛屿生态系统和渔场生态系统的典型区域，具有多水系汇合、复杂水文状况、生物多样性显著和人类活动频繁等特征，是我国海洋科学研究的热点区域。

　　多年以来，浙江海洋大学与厦门大学、中国海洋大学在海洋科学领域有着密切的联系和交流，不仅就舟山海域的海洋生物、海洋生态、物理海洋等领域开展了多方面的合作研究，同时也一直十分注重校际之间联合野外实习的教学工作，这不仅符合国家对于高校协同实践育人的导向，同时促进了舟山海域的野外实习基地建设和海洋科学类专业学生实践能力提升。在多年合作的基础上，2013 年由三校联合申报的"长江口及其邻近海域海洋科学野外综合实践教育基地"获批国家大学生校外实践基地。依托该基地，我们已初步建成了以实践教学和学生野外实践能力培养为中心，以海洋生物与生态野外实习为特色，内容涵盖海洋科学、环境科学、生物学等多学科跨专业交叉的综合野外实习教学体系，并取得了广泛的社会影响。

　　为配合三校联合开展"长江口及其邻近海域海洋生物野外实践项目"，我们基于多年来从事舟山海域海洋生物野外实习教学工作的经验和大量标本资料的积累编写了此书。

　　本手册收录了实习基地所在海域的 913 种海洋生物，绝大部分配有彩色图片，并对形态特征、生态习性、分布等进行了概括描述。更多资料可扫描书中提供的二维码，后台由浙江海洋大学海洋生物博物馆数据库支撑（http://cvmbm.zjou.edu.cn）。

　　本手册结合现代海洋科学类专业人才培养需求，着重突出科学性、实用性和系统性，希望本书能成为海洋科学本科实践体系的重要支撑。本书可作为高等院校海洋科学与生命科学相关专业学生的野外实习教材，也可供高等院校涉及海洋生物的其他专业学生、中学生物学教师、海洋生物多样性保护工作者及海洋生物业余爱好者参考，还可供读者用于海洋生物的图片欣赏。

本手册在编写出版过程中得到了国家自然科学基础人才基金"厦门大学海洋科学基地野外实践能力提高项目"（项目编号 J1310037）和浙江海洋大学教材出版基金的资助，谨致谢忱。

因时间紧迫、水平有限，不妥、疏漏甚至错误之处，恳请广大读者批评指正。

作者谨启

目　录

一、舟山海域概况

1. 地理位置

舟山群岛位于浙江省东北部，长江口南侧，杭州湾外缘，长江、钱塘江、甬江三江入海口处，29°32′—31°04′N，121°30′—123°25′E 之间。北连上海佘山洋，南与宁波韭山列岛相邻，西与上海金山卫隔海相望，东临近西太平洋。

全市区域总面积为 22 216 km²，其中区域内海域总面积为 20 959 km²，占区域总面积的 94.34%，如图 1-1 所示。

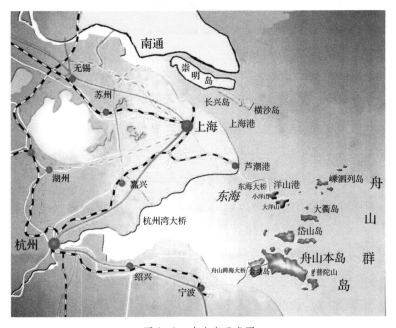

图 1-1　舟山市示意图

2. 岛屿及岸线

舟山市辖区内面积（大潮平均高潮线以上）大于或等于 500 m² 的海岛共 1 390 个，占全省岛屿总数（3 061 个）的 45.41%。舟山群岛是我国最大的群岛，其中面积大于 10 km² 的海岛有 16 个。

舟山群岛北起白礁（花鸟山东偏北 1.1 km 处），南到东、西磨盘岛（六横岛以南），西至野黄盘山岛，东至海礁，南北岛屿间相距 151.8 km，东西岛屿间相距 153.4 km（图 1-2）。

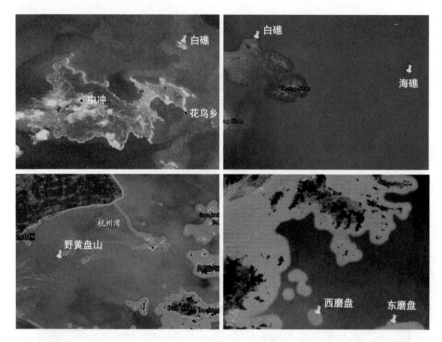

图 1-2 舟山海域边界图

3. 地形地貌

舟山群岛海域广阔，岛屿众多，由海洋与陆地两大生态系统组成。地质构造属闽浙隆起地带的东北端，是浙江境内天台山脉向东北方向延伸入海的出露部分，为海岛丘陵地貌。群岛呈西南—东北走向，南部大岛较多，海拔较高，排列密集；北部以小岛为主，地势渐低，分布稀散，海域自西向东由浅入深，岛上丘陵起伏。一般大岛中央都绵亘山脊分水岭，滨海围涂造田，呈小块平原。南部桃花岛的对峙山为最高峰，海拔 544.4 m，其次是舟山岛的黄杨尖山，海拔 503.6 m，其余岛屿海拔 200 ~ 400 m。

岛屿多为基岩岛，基岩以火山岩、侵入岩为主，其次为潜火山岩和变质岩。陆域以丘陵山地为主，丘陵和平地面积分别占 62.6% 和 37.4%。丘陵以 200 m 以下的低丘为主，高丘仅分布在部分大岛上，坡度分级以小于 6° 为主。平原以海积平原为主，其次为洪积平原，多分布于大岛四周及山麓沟谷一带，海积平原靠海侧多筑有海塘。海岸线总长度为 2 447.87 km，占全国岛屿岸线总长的 17.5%。

4. 气候

舟山位于中纬度地带，境内气候受西太平洋、欧亚大陆影响，形成了独特的海岛气候——北亚热带南缘海洋性季风气候。具有冬夏季风交替显著，四季分明，冬暖夏凉，年温适中，年、日温差小，空气湿润，光、热、水基本同步，气候资源丰富的特点。但四季都可能出现灾害性天气，全年多大风，春季多海雾，夏秋多热带气旋（包括热带风暴、强热带风暴和台风），加上降水分布不匀，干旱等灾害时有发生。

舟山群岛的降水量较大陆偏少，多年平均年降水量1 243.5 mm，降水主要是气旋雨和台风雨。

5. 自然灾害

舟山市自然灾害主要有热带气旋（包括热带风暴、强热带风暴和台风）、大风、暴雨、强冷空气、雾、干旱等气象灾害以及风暴潮、赤潮等海洋灾害。

6. 海水化学、水文特征

舟山海域表层多年平均水温在17 ~ 19℃，表层水温月平均最高、最低分别出现在8月和2月，温度变化一般在8 ~ 29℃。

盐度的变化和分布取决于以长江、钱塘江等陆地径流为主形成的沿岸低盐水和以台湾暖流为主的外海高盐水的盛衰强弱；外侧海区月平均盐度29 ~ 34，内侧海区因受大陆径流影响，变化较大，夏低冬高，年平均表层盐度为12.8 ~ 33.2。

溶解氧表层分布呈块状，底层分布呈东部高、西部低的趋势。

舟山海域的pH值变化范围为7.97 ~ 8.59，变幅较大，水平分布呈西北低、东南高的趋势。

舟山海域除金塘海区（指龙山—大鱼山—岱山—竹湾连线包围的海域）为不正规半日混合潮海区外，其余海区均为半日潮，其中东部邻近外海处如嵊山、绿华、朱家尖、泗礁山、鲁家峙等为正规半日潮，其他海区多为不正规半日潮（表1-1）。

表1-1 舟山海域潮汐参考表

农历	涨潮	平潮	舟山地区的潮水口诀
初一、十五	06：05	10：30	正大水；"初一、月半昼过平，潮水落出吃点心"
初二、十六	06：30	11：00	"初二、十六，早北夜北"
初三、十七	07：25	11：40	"初三、十七，潮涨日出"
初四、十八	07：50	12：20	"初四、十八，起更爬"
初五、廿	08：30	13：00	下五（大水阶段结束，逐渐向小水过渡）；"初五、二十潮，天亮落半潮"
初六、廿一	09：00	13：40	
初七、廿二	09：40	14：30	

农历	涨潮	平潮	舟山地区的潮水口诀
初八、廿三	10：20	15：20	当小水；"初八、廿三，三平潮"；"初八、廿三，早夜平"
初九、廿四	11：30	16：30	"初九、廿四，早晚南水"
初十、廿五	12：20	17：40	"初十、廿五掉落晚，日落西山夜南水"；"廿五、廿六，潮涨早饭熟"
十一、廿六	13：50	18：40	
十二、廿七	15：00	19：30	起水（小水阶段结束，逐渐向大水过渡）；"廿七、十二鸡啼涨，潮到埠头大天亮"
十三、廿八	16：10	20：20	
十四、廿九	17：10	21：10	"廿九、十四潮水旺，鱼网扯断剩条纲"
十五、三十	17：50	21：50	

注：舟山海域的潮汐均以"一日两度"的半日潮为主，总体上潮汐性质介于正规半日潮到不正规半日潮的过渡状态。

由于舟山海域岛屿罗列，港湾众多，地形复杂，波浪运动受地形制约，各处波浪分布特征不尽相同。以东北部嵊山海区最大，西部滩浒附近最小。

7. 无居民海岛

舟山的无居民海岛陆域面积普遍偏小，绝大部分无居民海岛面积在 $1000 \sim 10 \times 10^4 \, m^2$。其中，面积在 $10 \times 10^4 \sim 100 \times 10^4 \, m^2$ 的无居民海岛有 63 个；$10\,000 \sim 10 \times 10^4 \, m^2$ 的无居民海岛有 284 个；$5\,000 \sim 10\,000 \, m^2$ 的无居民海岛有 145 个；$1\,000 \sim 5\,000 \, m^2$ 的无居民海岛有 446 个；$1\,000 \, m^2$ 以下的无居民海岛有 222 个（表 1-2）。

表 1-2　舟山无居民海岛面积分类表（浙江省 2008 年统计数据）

面积 / $\times 10^4 \, m^2$	岛屿数量 / 个					合计岛陆面积 / $\times 10^4 \, m^2$				
	全市	定海	普陀	岱山	嵊泗	全市	定海	普陀	岱山	嵊泗
10 ~ 100	63	7	13	31	12	1 399.18	109.26	274.55	736.85	278.52
1 ~ 10	284	30	91	91	72	971.08	94.69	257.35	345.98	273.06
0.5 ~ 1	145	14	48	43	40	103.07	9.67	34.87	29.33	29.20
0.1 ~ 0.5	446	25	160	131	130	106.85	7.29	38.16	30.76	30.64
≤ 0.1	222	6	87	54	75	16.53	0.50	6.30	4.05	5.68
合计	1 160	82	399	350	329	2 596.71	221.41	611.23	1 146.97	617.10

8. 滩涂及岩礁资源

据调查，全市现有海拔 −2.5 m（黄海高程基准面，下同）以上的海涂资源共 22 747 ha，相当于陆域面积的 18.1%，其中等深线 −2.5 ～ −1.5 m 的面积有 5 304 ha，−1.5 ～ 0 m 的面积有 5 243 ha，0 m 以上的面积有 12 200 ha。

舟山海岛滩涂以淤泥质滩涂为主，主要分布在舟山海域西南部的一些陆域面积较大的海岛近岸，其中舟山本岛、普陀岛、岱山岛以及秀山岛的滩涂面积占全市滩涂总面积的 80% 以上。截至 2002 年底，全市已围成海涂 339 处，围垦总面积 12 639 ha。另外，通过人工促淤，还有大批的土地可以围垦。

岩礁主要分布于一些无人岛。

潮间带类型可分为 4 种，即岩礁相、泥相、沙（砂）相以及混合相。

（1）岩礁相。基本由岩礁及大小石砾组成，常掺杂一些小的水沼，以舟山北部海岛居多（图 1-3）。分布的生物以藻类、螺类、双壳类、多板类、蔓足类、蟹类（包括寄居蟹）、小型鱼类、腔肠类（海葵）、环节动物等为主。

图 1-3　岩礁相潮间带

（2）沙（砂）相。舟山海域各岛都有分布（图 1-4）。分布生物种类不多，以沙蟹、环节动物、双壳类、钩虾为常见。

图1-4　沙（砂）相潮间带

（3）泥相。以舟山中、南部海岛居多（图1-5）。分布生物种类丰富，常见有螺类、双壳类、蟹类（包括寄居蟹）、小型鱼类、腔肠类（海葵）、环节动物等为主。

图1-5　泥相潮间带

（4）混合相。混合相有岩礁（石砾）+泥相；岩礁（石砾）+沙（砂）相；岩礁（石砾）+沙（砂）相+泥相等（图1-6）。

图1-6　混合相潮间带

9.生物多样性

舟山海域曾有"天然鱼仓"之称，包括所属渔场，其所拥有的生物种类众多。已有文献记载舟山海域常见浮游藻类50余种，浮游动物（桡足类、箭虫、腔肠、栉水母）50余种，虾类80余种，蟹类120余种，贝类280种，鱼类460余种，大型底栖性藻类180余种。此外，多毛类、棘皮类、蔓足类及小型节肢动物等也种类繁多，分布于各渔场、近海及潮间带，随区域、季节等，其丰度有所不同。

二、主要实习目的、内容及地点

1. 实习目的及意义

野外实习不同于课堂学习，它可以提供给学生一个接近自然、接触社会的机会。通过海洋生物野外实习，能够让学生巩固和复习海洋生物多样性基础理论知识，掌握不同生境的海洋生物资源调查手段，认识舟山常见海洋生物种类，并培养学生的观察能力和独立思考能力，锻炼学生的团队协作能力。

2. 实习内容及现场

本手册适用实习内容限于潮间带生物种类多样性调查和海洋渔业资源调查两大实习项目。

潮间带生物种类多样性调查项目主要内容是调查岩相、沙相和泥相 3 个典型潮间带的生物种类组成、数量分布、生物学特点、种群结构以及分布特征等。

海洋渔业资源调查项目主要是对舟山常见海洋渔业捕捞方式如定置小张网作业、蟹笼作业以及桅杆底拖网作业等观摩学习，辅助近岸小型围网作业、漂流生物网作业等渔业资源调查方法，并走访当地代表性水产码头、海鲜市场等场所进行样品采集、调研等，从而了解舟山市常见海洋渔业资源组成及现状。

1）定制小张网渔获调查

张网是最主要的定置渔具之一，也是我国分布最广、种类最多、数量最大的传统定置渔具。张网作业的原理是根据捕捞对象的生活习性和作业水域的水文条件，将囊袋型网具，用桩、锚或竹竿、木杆等敷设在海洋、河流、湖泊、水库等水域中具有一定水流速度的区域或鱼类等捕捞对象的洄游通道上，依靠水流的冲击，迫使捕捞对象进入网中，从而达到捕捞目的。

定置小张网作业是捕沿岸或近海小型鱼、虾类的一种被动性作业方式（图 2-1）。其作业过程一般是将网具定置在适合作业的水域中，之后定期或根据水流的变化从网囊中获取渔获物，最后在该次作业结束时将整个网具收起。

这种作业方式的网具，一般布置在小型鱼类、虾类密集分布的产卵、育肥场所或洄游的通道上。海洋中张网作业的捕捞对象主要有小黄鱼、带鱼、黄鲫、凤鲚、龙头鱼、虾蛄、长臂虾、脊尾白虾等以及其他小杂鱼和一些经济水产动物的幼体等。

图 2-1 定置小张网渔获调查示意图及操作过程

2）蟹笼渔获物调查

蟹笼作业起源于 20 世纪 80 年代初，是利用笼状器具，引诱捕捞对象进入而捕获的一种捕捞作业，是舟山市海洋渔业捕捞的主要作业方式之一（图 2-2）。蟹笼是低能耗、少劳力、对生态环境影响较弱的被动性渔具，目前蟹笼作业常用的诱饵是鲐鱼（日本鲭）头等杂鱼下脚料。其捕捞对象主要是蟹类，同时也兼捕软体动物和鱼类等，如三疣梭子蟹、日本蟳、武士蟳、短蛸、长蛸、星康吉鳗、甲虫螺等。

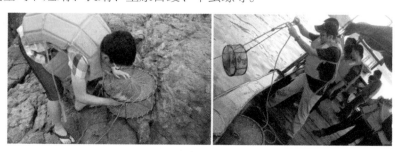

图 2-2 蟹笼渔获物调查

3）近岸手拖网渔获调查

拖网是利用船舶的运动，拖曳渔具在海底或海水中前进，迫使渔具经过水域中的鱼虾蟹等捕捞对象进入网囊，达到捕捞目的的一种移动过滤性渔具。

图 2-3 所示为近岸小型手拖网作业，主要依据传统拖网捕捞原理，缩小网体大小，以便适用于近岸手持操作。这种作业方式主要用于对调查海域近岸的小型游泳生物（主要是仔稚幼鱼、小型头足类、虾蟹类等）的定性调查。

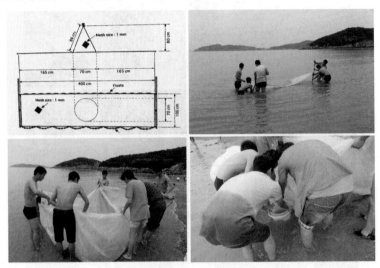

图 2-3　近岸手拖网渔获调查

4）漂游生物网

该网类似于浮游生物网，其网孔径 0.5 mm，网口内径为 1.3 m（图 2-4）。主要依靠船舶的拖曳，来采集仔稚幼鱼、虾蟹幼体、水母等漂游生物。

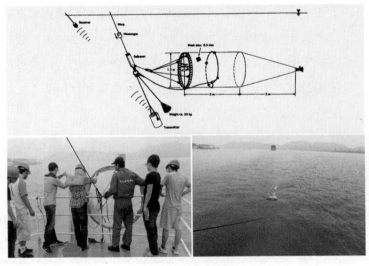

图 2-4　漂游生物网

3. 实习地点

1）大鹏岛（泥相潮间带）

大鹏岛位于定海西 26.75 km，东南隔沥港，与金塘岛相望，岸距 350 m。岛呈东南—西北走向，长 3.37 km，宽 1.01 km，岸线长 11.6 km，面积 3.94 km²。据传该岛因山峰平缓，早期曾称"太平山"，后以山形似大鹏展翅，改名大鹏山，太平山最高，海拔 161 m（图 2-5）。

该岛潮间带以泥相滩涂为主，岛南、西、北均有滩涂，南侧较大，约 130 ha，岛西北山嘴建有一座太平塔（又称西腊灯塔，建于 1906 年）。

交通：长峙—定海—金塘—摆渡—步行；或直接专车至金塘，摆渡时间约 5 分钟。

该泥相潮间带物种多样性丰富，目前为舟山最大且保存完好的滩涂之一。按《舟山市海洋功能区划》，该岛规划为暂定区。

图 2-5　大鹏岛

2）白沙岛（岩礁相、沙相）

白沙岛位于沈家门东 14.2 km，朱家尖东 2.3 km。岛呈不规则长形，如叶柄相连两片枫叶，南北走向，长 2.46 km，宽约 0.9 km，中部最窄，面积 1.52 km²，岸线长 10.35 km²，岛上滩岸多鹅卵石和沙砾，在阳光下一片白色，故得名白沙（图 2-6）。

交通：长峙—朱家尖—摆渡—步行，摆渡时间约 20 分钟，每天定期来回各四班。

该岩礁相潮间带物种多样性丰富，目前为舟山最大且保存完好的滩涂之一。按《舟山市海洋功能区划》，整个白沙岛为游钓区。

图 2-6　白沙岛

3）樟州湾（沙相、岩礁相）

樟州湾位于朱家尖岛东北部，乌石塘（旅游景点）东侧，与白沙岛相对。主要是沙相及部分岩礁。另外，位于乌石塘右侧，游艇公司边也有岸礁，面积较樟州湾稍大（图 2-7）。

该沙相潮间带生物种类稀少，岩相潮间带生物种类较丰富，主要优势生物种类有单齿螺、齿纹蜒螺、短滨螺、嫁蝛、海蟑螂、粗腿厚纹蟹、四齿大额蟹、斑点相手蟹、等指海葵、绿侧花海葵等。

图 2-7　樟州湾（沙相、岩礁相）

4）岱山岛（泥相、沙相）

岱山位于舟山群岛中部。北与嵊泗列岛接界，东临西太平洋，南与舟山本岛相望。岱山本岛面积 119.3 km²，为舟山第二大岛（图 2-8）。

图 2-8　岱山岛（东沙泥滩，铜盘湾、鹿栏晴沙沙滩）

岱山岛潮间带主要以泥滩和沙滩为主，岛西侧海岸带主要为泥相滩涂，最大滩涂为东沙镇海塘（图2-9）。东沙镇是中国古老的渔镇，也是舟山群岛历史上的著名渔港，其海塘内底栖生物种类丰富，优势种类有彩虹明樱蛤、泥螺、滨螺、蟹守螺、粗腿厚纹蟹、平背蜞等。岛东侧沙滩众多，有铜盘湾、鹿栏晴沙等。鹿栏晴沙为岱山最大沙滩，沙滩南北长3 600 m，东西宽约500 m，沙质细腻而坚硬，滩坡平缓呈铁灰色，故素有"万步铁板沙"之称（图2-10）。

图2-9 东沙镇海塘

图2-10 鹿栏晴沙沙滩

5）主要集市

（1）国际水产城（沈家门）

交易时间一般在凌晨至上午，来自舟山周围渔场不同季节的新鲜渔获都在此交易，为舟山各地主要市场的批发中心。除伏休期，渔获种类繁多，为舟山渔场最大的渔获物批发、零售集散地（图2-11）。

图 2-11　中国舟山国际水产城及渔获物

（2）东河市场（沈家门）

舟山普陀区最大的海鲜市场之一，位于沈家门东河路（图 2-12）。

图 2-12　沈家门东河市场及渔获物

（3）南珍菜场（定海）

舟山定海区最大的海鲜市场，规模仅次于东河市场，位于定海区东海西路 50 号（图 2-13）。

图 2-13　定海南珍菜场

（4）东门菜场（定海）

定海区较大的市场，位于舟山定海区蓬莱路 103 号（图 2-14）。

图 2-14　定海东门菜场

三、技术依据与方法

1. 调查依据

本书所涉及海洋生物野外实习技术标准及方法，主要引用《海洋调查规范 第 1 部分 总则》（GB/T 12763.1—1991）和《海洋调查规范 第 6 部分 海洋生物调查》（GB/T 12763.6—2007）

2. 调查范围及对象

本部分技术方法主要针对舟山海域 3 大典型潮间带（泥相、岩相及沙相）的海洋生物多样性调查，研究对象为生活在潮间带底表的藻类和底表与底内的动物。

3. 调查要求

1）调查时间及频次

为了能够尽量采集到低潮带更多的动物种类，调查时间应尽量选择在大潮汛前后。舟山总体上潮汐性质介于正规半日潮与非正规半日潮之间，农历每月初三、十八为大潮汛日。具体潮汐表参考表 1-1。

对于周期性的基础（背景）调查来说，通常按春、夏、秋、冬进行一年 4 个季度月调查，如有特殊情况可酌情调整调查次数。一般以 5 月、8 月、11 月和 2 月代表春季、夏季、秋季和冬季。

2）操作要求

使用专业规定的网具或采样器，严格操作程序，注意网具或采样器工作状态，遇异常情况应立即采取有效措施或重新采样。

在选定的底质相对均匀、潮带较完整的潮滩区选择调查地点或断面，根据潮区性质、生境和调查目的在合适的时间设定一定数量的样方，用采样器或定量框取样进行调查分析。

3）采样点及强度

（1）调查地点和断面应选择具有代表性的、滩面底质类型相对均匀、潮带较完整、无人为破坏或人为扰动较小且相对稳定的地点或断面。

（2）在调查海区，选择不同生境（如泥相、沙相和岩相）的潮间带断面（不少于 3 条断面），每条断面不少于 5 个站（通常在高潮区布设 2 个站、中潮区布设 3 个站、低潮区 1 个站或 2 个站）。

（3）周期性调查的项目中，通常按一年 4 个季度进行调查，潮间带生物采样必须在大潮期间进行，或在大潮期间进行低潮取样，小潮期间再进行高、中潮区的取样。

（4）岩相生物取样，用 25 cm×25 cm（在生物密集区，采用 10 cm×10 cm）的定量框取样 2 个样方；软相（泥滩、泥沙滩、沙滩）生物取样，用 25 cm×25 cm×30 cm 的定量框取 4 ~ 8 个样方，泥相不少于 4 个定量样方，沙相不少于 8 个样方。同时进行定性取样与观察。定性取样在高潮区、中潮区和低潮区至少分别取 1 个样品。

4. 样品采集与鉴定

滩涂定量取样用定量框，样方数每站通常取 4 ~ 8 个（合计 0.25 ~ 0.5 m²）。样方位置确定可用标志绳索（每隔 5 m 或 10 m 有一标志）于站位两侧水平拉直，各样方位置要求严格取在标志绳索标位置，无论该位置上生物多寡，均不能移位。取样时，先将取样器挡板插入框架凹槽，用臂力或脚力将其插入滩涂内，继而观察记录框内表面可见的生物种类及数量；然后，用铁铲清除挡板外侧的泥沙再拔去挡板，以便铲取框内样品。铲取样品时，若发现底层仍有生物存在，应将取样器再往下压，直至采不到生物为止，一般深度达 30 cm。若需分层取样，可视底质分层情况确定。

岩相取样用 25 cm×25 cm 的定量框，每站取 2 个样方。若生物栖息密度很高，且分布较均匀，可采用 10 cm×10 cm 的定量框，确定样方位置应在宏观观察基础上选取能代表该潮区生物分布特点的地方。取样时，先将框内的易碎生物（如牡蛎、籘壶等）计数，并观察记录优势种的覆盖面积，然后用小铁铲、凿子或刮刀将框内所有生物刮取干净。

对某些栖息密度很低的潮间带生物，可采用 25 m² 的大面积计数（个数或洞穴数），并采集其中的部分个体，求平均个体重量，再换算成单位面积的数量。

为全面反映各断面的种类组成和分布，在每站定量取样的同时，应尽可能将该站附近出现的动植物种类收集齐全，以作分析时参考，定性样品务必与定量样品分装，切勿混淆。

取样时，测量各潮区优势种的垂直分布高度和滩面宽度，描述生物分布带的特征。

5. 样品的处理与保存

1）样品筛选

泥相样品采集时，由于泥样筛选困难，且泥滩中行动不便，可借助漩涡分选装置，将装置固定在小船上，随潮水上涨或退落进行操作，以减少样品搬运困难，若无船只可直接固定在防沉底板上。当不具备使用漩涡分选装置时，可采用过筛器直接淘洗。

2）样品的处理

采得的所有定量和定性标本，经洗净，按类别、大小或个体软硬分开装瓶。滩涂定量调查，未能及时处理的余渣，可只拣出肉眼可见的标本后把余渣另行装瓶，回实验室解剖镜下挑拣。按序加入体积分数为5%左右的中性甲醛固定液，余渣固定时，用四氯四碘荧光素染色剂固定液，便于室内标本挑拣。

为便于标本鉴定，对一些受刺激易引起收缩或自切的种类（如腔肠动物、纽形动物），先用氯化锰进行麻醉后再行固定；某些多毛类（如沙蚕科、吻沙蚕科），先用淡水麻醉，再加固定液固定。藻类标本除用5%中性甲醛固定外，最好带回一些完整的新鲜藻体，制作腊叶标本，以保持原色和长久保存。

3）样品的保存

经鉴定、登记后的标本，应按调查项目编号归类，妥善保存，以备检查和进一步研究，且须建立制度，定期检查、添加或更换固定液，以防标本干涸和霉变。

4）注意事项

（1）定性采集要求多样化，每种适量采集，不仅注意大型种类，也要注意小型种类。

（2）对不同的动物要用不同的方法采集，事前尽量了解各类动物的生态习性。

（3）注意采集安全，对有毒或不认识的种类用适当的工具采集，不要用手触摸和捉拿。

（4）注重标本质量，包括肢体完整、个体性别及大小。

（5）对易互残物种要合理分装。

（6）除用于进一步鉴定（DNA）使用乙醇外，其他尽量用甲醛保存。

（7）注意保护采集地的生态环境，对珍稀物种要少采或不采。

（8）准备好标签和记录本，准确记录标本的采集地点、时间和物种名称，并注明栖息环境及活动状况。

6. 样品分析

1）核对

按调查地点、断面、站号，将定量和定性样本分开；依野外记录，核对各站取得的标本瓶数。

2）分离、登记

标本分离按断面或站号进行，以免不同站（或不同样方）的标本混入。若有余渣带回，切勿遗忘将其中标本拣出归入。

3）称重、计数

定量标本须固定 3 d 以上方可称重，若标本分离时已有 3 d 以上的固定时间，称重可与标本分离、登记同时进行。

称重时，标本应先置吸水纸上吸干体表水分。称重软体动物和甲壳动物保留其外壳（必要时，对某些经济种或优势种可分别称其壳和肉重）。大型管栖多毛类的栖息管、寄居蟹的栖息外壳以及其他生物体上的伪装物、附着物，称重时应予剔除。

称重采用感量为 0.01 g 的药物天平、扭力天平或电子天平等。在称重前后计算各种生物的个体数（岩岸采集的易碎生物个体数由野外记录查得，群体仅用质量标示）。

称重、计数结果统计时，应注明湿重（甲醛湿重或酒精湿重）、干重（烘或晒）。必要时可称取灰分重。

7. 标本鉴定

优势种和主要类群的种类应力求鉴定到种类，疑难者可请有关专家鉴定或先进行必要的拍照记录特征，暂以 SP1、SP2、SP3……标示，然后再进行分析、鉴定。

鉴定时若发现一瓶中有两种以上的生物，应将其分出另编新号，注明标本原出处，并及时更改标签和表格中有关的数据。

种类鉴定结果若与原标签初定种名不符，亦应立即更改标签。

8. 调查要素

潮间带生物调查要素包括不同生境的种类组成、数量（栖息密度、生物量或现存量）及其水平分布和垂直分布等。

详细内容请参考《海洋调查规范 第 1 部分 总则》（GB/T 12763.1—1991）和《海洋调查规范 第 6 部分 海洋生物调查》（GB/T 12763.6—2007）。

四、常用工具与药品

1. 标本采集、观察及测量用具

（1）采集工具：浅水浮游生物网（1号、3号）、近岸手拖网、漂游生物网、漩涡筛选器、过筛器、采样框（25 cm×25 cm、10 cm×10 cm等规格）、采集桶、采样瓶、铁锹、锤、凿、筑钩、长柄镊子、普通镊子等。

（2）观察与处理仪器：显微镜、解剖镜、放大镜、照相机、解剖盘、注射器、针头、培养皿、量筒、烧杯、吸管、各种型号的标本瓶、装运标本的包装箱等。

（3）测量及称量仪器：游标卡尺、直尺、风规、量鱼板、电子天平或扭力天平（0.01 g感量）等。

2. 药品及用法

1）麻醉剂

（1）薄荷脑：研成粉末便于撒在培养液的边面或用纱布包成小球投入培养液中。

（2）硫酸镁（泻盐）：制成饱和溶液或将结晶放入培养液中。

（3）乙醚：用海水制成1%的溶液，用于各种动物的麻醉。

（4）乙醇：配成70%的溶液，慢慢滴入培养液中。

（5）氯化锰：0.05%～0.2%溶液，用于麻醉海葵。

（6）氯仿：将纸用此浸湿，平放于培养液液面上。

2）固定剂和保存剂

（1）甲醛：7%～10%溶液为固定剂，3%～5%溶液为保存剂。

（2）醋酸：常用浓度0.3%～5%，对动物细胞有膨胀作用。

（3）乙醇：70%～80%溶液作为保存剂。

（4）苦味酸：饱和溶液，单独使用易使动物细胞收缩。

（5）乙醇–甲醛固定液：由90%乙醇和40%甲醛按9∶1混合配成，用于标本的固定，固定后不用冲洗，可放入80%的乙醇再转入70%的乙醇中保存。

（6）波恩氏液：由苦味酸饱和溶液、40%甲醛、冰醋酸按15∶5∶1的比例配成，用于标本的固定，固定12～24 h，用70%乙醇冲洗后70%乙醇保存。

（7）乙醇–甲醛保存液：70%乙醇和2%甲醛等量混合，能使标本不胀不缩，保持原样。

附　录

附录 I　舟山海域常见鱼类名录及图集

软骨鱼纲 Chondrichthyes

须鲨目 Orectolobiformes

须鲨科 Orectolobidae

001　日本须鲨 *Orectolobus japonicus* Regan, 1906

长尾须鲨科 Hemiscylliidae

002　条纹斑竹鲨 *Chiloscyllium plagiosum* (Bennett, 1830)

鲸鲨科 Rhincodontidae

003　鲸鲨 *Rhincodon typus* Smith, 1828

鼠鲨目 Lamniformes

长尾鲨科 Alopiidae

004　狐形长尾鲨 *Alopias vulpinus* (Bonnaterre, 1788)

鼠鲨科 Lamnidae

005　灰鲭鲨 *Isurus oxyrinchus* Rafinesque, 1810

真鲨目 Carcharhiniformes

猫鲨科 Scyliorhinidae

006　阴影绒毛鲨 *Cephaloscyllium umbratile* Jordan & Fowler,1903

007　梅花鲨 *Halaelurus buergeri* (Müller & Henle, 1838)

008　虎纹猫鲨 *Scyliorhinus torazame* (Tanaka, 1908)

皱唇鲨科 Triakidae

009　皱唇鲨 *Triakis scyllium* Müller & Henle, 1839

真鲨科 Carcharhinidae

010　短尾真鲨 *Carcharhinus brachyurus* (Günther, 1870)

011　鼬鲨 *Galeocerdo cuvier* (Péron & Lesueur, 1822)

012　宽尾斜齿鲨 *Scoliodon laticaudus* Müller & Henle, 1838

双髻鲨科 Sphyrnidae

013　路氏双髻鲨 *Sphyrna lewini* (Griffith & Smith , 1834)

角鲨目 Squaliformes

角鲨科 Squalidae

014　短吻角鲨 *Squalus megalops* (Macleay, 1881)

015　长吻角鲨 *Squalus mitsukurii* Jordan & Snyder, 1903

扁鲨目　Squatiniformes

　　扁鲨科　Squatinidae

　　　　016　　日本扁鲨 *Squatina japonica* Bleeker, 1858

电鳐目　Torpediniformes

　　双鳍电鳐科 Narcinidae

　　　　017　　日本单鳍电鳐 *Narke japonica* (Temminck & Schlegel, 1850)

鳐目　Rajiformes

　　圆犁头鳐科 Rhinidae

　　　　018　　圆犁头鳐 *Rhina ancylostoma* Bloch & Schneider, 1801

　　尖犁头鳐科 Rhynchobatidae

　　　　019　　及达尖犁头鳐 *Rhynchobatus djiddensis* (Forsskål , 1775)

　　犁头鳐科 Rhinobatidae

　　　　020　　斑纹犁头鳐 *Rhinobatos hynnicephalus* Richardson, 1846

　　　　021　　许氏犁头鳐 *Rhinobatos schlegeli* Müller & Henle, 1841

　　鳐科　Rajidae

　　　　022　　何氏瓮鳐 *Okamejei hollandi* (Jordan & Richardson, 1909)

　　　　023　　斑瓮鳐 *Okamejei kenojei*　(Muller & Henle, 1841)

鲼形目　Myliobatiformes

　　魟科　Dasyatidae

　　　　024　　赤魟 *Dasyatis akajei* (Müller & Henle, 1841)

　　　　025　　黄魟 *Dasyatis bennetti* (Müller & Henle, 1841)

　　　　026　　光魟 *Dasyatis laevigata* Chu, 1960

　　　　027　　尖嘴魟 *Dasyatis zugei* (Müller & Henle, 1841)

　　　　028　　齐氏窄尾魟 *Himantura gerrardi* (Gray, 1851)

　　鲼科　Myliobatidae

　　　　029　　日本蝠鲼 *Mobula japanica* (Müller & Henle, 1841)

　　　　030　　爪哇牛鼻鲼 *Rhinoptera javanica* Müller & Henle, 1841

辐鳍鱼纲　Actinopterygii

鲟形目 Acipenseriformes

　　鲟科　Acipenseridae

　　　　031　　中华鲟 *Acipenser sinensis* Gray, 1835

鳗鲡目 Anguilliformes

　　鳗鲡科 Anguillidae

　　　　032　　日本鳗鲡 *Anguilla japonica* Temminck & Schlegel, 1846

海鳝科 Muraenidae

    033   网纹裸胸鳝 *Gymnothorax reticularis* Bloch, 1795

合鳃鳗科 Synaphobranchidae

    034   前肛鳗 *Dysomma anguillare* Barnard, 1923

海鳗科 Muraenesocidae

    035   似原鹤海鳗 *Congresox talabonoides* (Bleeker, 1853)

    036   海鳗 *Muraenesox cinereus* (Forsskål, 1775)

康吉鳗科 Congridae

    037   日本康吉鳗 *Conger japonicus* Bleeker, 1879

    038   星康吉鳗 *Conger myriaster* (Brevoort, 1856)

鲱形目 Clupeiformes

锯腹鳓科 Pristigasteridae

    039   鳓 *Ilisha elongata* (Bennett, 1830)

鳀科 Engraulidae

    040   凤鲚 *Coilia mystus* (Linneaus, 1758)

    041   刀鲚 *Coilia nasus* Temminck & Schlegel, 1846

    042   鳀 *Engraulis japonicus* Temminck & Schlegel, 1846

    043   黄鲫 *Setipinna taty* (Valenciennes, 1848)

鲱科 Clupeidae

    044   斑鰶 *Konosirus punctatus* (Temminck & Schlegel, 1846)

    045   鲥 *Tenualosa reevesi* (Richardson, 1846)

鲇形目 Siluriformes

海鲇科 Ariidae

    046   大头多齿海鲇 *Netuma thalassina* (Rüppell, 1837)

辫鱼目 Ateleopodiformes

辫鱼科 Ateleopodidae

    047   紫辫鱼 *Ateleopus purpureus* Tanaka, 1915

仙女鱼目 Aulopiformes

狗母鱼科 Synodontidae

    048   龙头鱼 *Harpadon nehereus* (Hamilton, 1822)

    049   长蛇鲻 *Saurida elongata* (Temminck & Schlegel, 1846)

灯笼鱼目 Myctophiformes

新灯鱼科 Neoscopelidae

    050   大鳞新灯鱼 *Neoscopelus macrolepidotus* Johnson, 1863

灯笼鱼科 Myctophidae

    051   七星底灯鱼 *Benthosema pterotum* (Alcock, 1890)

鳕形目　Gadiformes

  犀鳕科　Bregmacerotidae

    052　日本犀鳕 *Bregmaceros japonicus* Tanaka, 1908

    053　麦氏犀鳕 *Bregmaceros mcclellandi* Thompson, 1840

  鳕科　Gadidae

    054　太平洋鳕 *Gadus macrocephalus* Tilesius, 1810

鼬鳚目　Ophidiiformes

  鼬鳚科　Ophidiidae

    055　棘鼬鳚 *Hoplobrotula armata* (Temminck & Schlegel, 1846)

鮟鱇目　Lophiiformes

  鮟鱇科　Lophiidae

    056　黑鮟鱇 *Lophiomus setigerus* (Vahl, 1797)

    057　黄鮟鱇 *Lophius litulon* (Jordan, 1902)

  躄鱼科　Antennariidae

    058　钱斑躄鱼 *Antennarius nummifer* (Cuvier, 1817)

    059　斑条躄鱼 *Antennarius striatus* (Shaw & Nodder, 1794)

鲻形目　Mugiliformes

  鲻科　Mugilidae

    060　棱鲛 *Liza carinata* (Valenciennes, 1836)

    061　鲛 *Liza haematocheila* (Temminck & Schlegel, 1845)

    062　鲻鱼 *Mugil cephalus* Linnaeus, 1758

颌针鱼目　Beloniformes

  颌针鱼科　Belonidae

    063　横带扁颌针鱼 *Ablennes hians* (Valenciennes,1846)

海鲂目　Zeiformes

  海鲂科　Zeidae

    064　海鲂 *Zeus faber* Linnaeus, 1758

刺鱼目　Gasterosteiformes

  海龙科　Syngnathidae

    065　克氏海马 *Hippocampus kelloggi* Jordan & Snyder, 1901

    066　尖海龙 *Syngnathus acus* Linnaeus, 1758

  烟管鱼科　Fistulariidae

    067　鳞烟管鱼 *Fistularia petimba* Lacépède,1803

鲉形目　Scorpaeniformes

  豹鲂鮄科　Dactylopteridae

    068　单棘豹鲂鮄 *Dactyloptena peterseni* (Nyström, 1887)

鲉科 Scorpaenidae

069　　布氏盔蓑鲉 *Ebosia bleekeri* (Steindachner & Döderlein, 1884)

070　　日本鬼鲉 *Inimicus japonicus* (Cuvier & Vanlenciennes, 1829)

071　　单指虎鲉 *Minous monodactylus* (Bloch & Schneider, 1801)

072　　许氏平鲉 *Sebastes schlegelii* Houttuyn, 1880

073　　汤氏平鲉 *Sebastes thompsoni* (Jordan & Hubbs, 1925)

074　　褐菖鲉 *Sebastiscus marmoratus* (Cuvier, 1829)

鲂鮄科 Triglidae

075　　小眼绿鳍鱼 *Chelidonichthys spinosus* (McClelland, 1844)

鲬科 Platycephalidae

076　　鲬 *Platycephalus indicus* (Linnaeus, 1758)

六线鱼科 Hexagrammidae

077　　大泷六线鱼 *Hexagrammos otakii* Jondan & Starks, 1895

狮子鱼科 Liparidae

078　　细纹狮子鱼 *Liparis tanakae*（Gilbert & Burke，1912）

鲈形目 Perciformes

狼鲈科 Moronidae

079　　花鲈 *Lateolabrax japonicus* (Cuvier 1828)

鮨科 Serranidae

080　　青石斑鱼 *Epinephelus awoara* (Temminck & Schlegel, 1842)

081　　东洋鲈 *Niphon spinosus* Cuvier, 1828

082　　姬鮨 *Tosana niwae* Smith & Pope, 1906

大眼鲷科 Priacanthidae

083　　短尾大眼鲷 *Priacanthus macracanthus* Cuvier, 1829

084　　长尾大眼鲷 *Priacanthus tayenus* Richardson, 1846

天竺鲷科 Apogonidae

085　　细条天竺鲷 *Apogon lineatus* Temminck & Schlegel, 1842

鱚科 Sillaginidae

086　　少鳞鱚 *Sillago japonica* Temminck & Schlegel, 1843

弱棘鱼科 Malacanthidae

087　　日本方头鱼 *Branchiostegus japonicus* (Houttuyn, 1782)

鲯鳅科 Coryphaenidae

088　　鲯鳅 *Coryphaena hippurus* Linnaeus, 1758

军曹鱼科 Rachycentridae

089　　军曹鱼 *Rachycentron canadum* (Linnaeus, 1766)

鲹科 Carangidae

    090   高体若鲹 *Carangoides equula* (Temminek & Schlegel, 1844)

    091   蓝圆鲹 *Decapterus maruadsi* (Temminck & Schlegel, 1844)

    092   大甲鲹 *Megalaspis cordyla* (Linnaeus, 1758)

    093   杜氏鰤 *Seriola dumerili* (Risso, 1810)

    094   日本竹筴鱼 *Trachurus japonicus* (Temminck & Schlegel, 1844)

    095   黑纹小条鰤 *Zonichthys nigrofasciata* (Rüppell, 1829)

眼镜鱼科 Menidae

    096   眼镜鱼 *Mene maculata* (Bloch & Schneider, 1801)

鰏科 Leiognathidae

    097   短吻鰏 *Leiognathus brevirostris* (Valenciennes, 1835)

松鲷科 Lobotidae

    098   松鲷 *Lobotes surinamensis* (Bloch, 1790)

石鲈科 Haemulidae

    099   横带髭鲷 *Hapalogenys mucronatus* (Eydoux & Souleyet, 1850)

    100   斜带髭鲷 *Hapalogenys nigripinnis* (Temminck & Schlegel 1843)

    101   三线矶鲈 *Parapristipoma trilineatum* (Thunberg, 1793)

金线鱼科 Nemipteridae

    102   金线鱼 *Nemipterus virgatus* (Houttuyn, 1782)

裸颊鲷科 Lethrinidae

    103   红鳍裸颊鲷 *Lethrinus haematopterus* Temminck & Schlegel, 1844

鲷科 Sparidae

    104   黄鳍棘鲷 *Acanthopagrus latus* Houttuyn, 1782

    105   黑棘鲷 *Acanthopagrus schlegelii* (Bleeker, 1854)

    106   黄犁齿鲷 *Evynnis tumifrons* (Temminck & Schlegel, 1843)

    107   真赤鲷 *Pagrus major* (Temminck & Schlegel, 1843)

马鲅科 Polynemidae

    108   四指马鲅 *Eleutheronema tetradactylum* (Shaw, 1804)

石首鱼科 Sciaenidae

    109   棘头梅童鱼 *Collichthys lucidus* (Richardson, 1844)

    110   皮氏叫姑鱼 *Johnius belangerii* (Cuvier, 1830)

    111   大黄鱼 *Larimichthys crocea* (Richardson, 1846)

    112   小黄鱼 *Larimichthys polyactis* (Bleeker, 1877)

    113   鮸 *Miichthys miiuy* (Basilewsky, 1855)

    114   黄姑鱼 *Nibea albiflora* (Richardson, 1846)

115　　银姑鱼 *Pennahia argentata* (Houttuyn, 1782)

羊鱼科 Mullidae

116　　日本绯鲤 *Upeneus japonicus* (Houttuyn, 1782)

鮀科 Kyphosidae

117　　细刺鱼 *Microcanthus strigatus* (Cuvier, 1831)

五棘鲷科 Pentacerotidae

118　　帆鳍鱼 *Histiopterus typus* Temminck & Schlegel, 1844

119　　日本五棘鲷 *Pentaceros japonicus* Steindachner, 1883

鯻科 Terapontidae

120　　细鳞鯻 *Terapon jarbua* (Forsskål, 1775)

121　　鯻鱼 *Terapon theraps* (Cuvier, 1829)

石鲷科 Oplegnathidae

122　　条石鲷 *Oplegnathus fasciatus* (Temminck & Schlegel, 1844)

123　　斑石鲷 *Oplegnathus punctatus* (Temminck & Schlegel, 1844)

唇指鰶科 Cheilodactylidae

124　　四角唇指鰶 *Cheilodactylus quadricornis* (Günther, 1860)

125　　花尾唇指鰶 *Cheilodactylus zonatus* Cuvier, 1830

赤刀鱼科 Cepolidae

126　　克氏棘赤刀鱼 *Acanthocepola krusensternii* (Temminck & Schlegel, 1845)

127　　背点棘赤刀鱼 *Acanthocepola limbata* (Valenciennes , 1835)

隆头鱼科 Labridae

128　　花鳍副海猪鱼 *Parajulis poecilepterus* (Temminck & Schlegel, 1845)

129　　金黄突额隆头鱼 *Semicossyphus reticulates* (Valenciennes , 1839)

绵鳚科 Zoarcidae

130　　长绵鳚 *Zoarces elongatus* Kner, 1868

锦鳚科 Pholidae

131　　云纹锦鳚 *Pholis nebulosa* (Temminck & Schlegel, 1845)

拟鲈科 Pinguipedidae

132　　六带拟鲈 *Parapercis sexfasciatus* (Temminck & Schlegel, 1843)

䲣科 Uranoscopidae

133　　日本䲣 *Uranoscopus japonicus* Houttuyn, 1782

134　　青䲣 *Xenocephalus elongatus* (Temminck & Schlegel, 1843)

鳚科 Blenniidae

135　　美肩鳃鳚 *Omobranchus elegans* (Steindachner, 1876)

136　　八部副鳚 *Parablennius yatabei* (Jordan & Snyder, 1900)

塘鳢科 Eleotridae

    137   乌塘鳢 *Bostrychus sinensis* Lacepède, 1801

虾虎科 Gobiidae

    138   斑尾刺虾虎鱼 *Acanthogobius ommaturus* (Richardson, 1845)

    139   大弹涂鱼 *Boleophthalmus pectinirostris* (Linnaeus, 1758)

    140   大口裸头虾虎鱼 *Chaenogobius gulosus* (Sauvage, 1882)

    141   矛尾虾虎鱼 *Chaeturichthys stigmatias* Richardson, 1844

    142   中华栉孔虾虎鱼 *Ctenotrypauchen chinensis* Steindachner, 1867

    143   斑纹舌虾虎鱼 *Glossogobius olivaceus* (Temminck & Schlegel, 1845)

    144   竿虾虎鱼 *Luciogobius guttatus* Gill, 1859

    145   拉氏狼牙虾虎鱼 *Odontamblyopus lacepedii* (Temminck & Schlegel, 1845)

    146   犬齿背眼虾虎鱼 *Oxuderces dentatus*

    147   弹涂鱼 *Periophthalmus modestus* Cantor, 1842

    148   髭缟虾虎鱼 *Tridentiger barbatus* (Günther, 1861)

    149   双带缟虾虎鱼 *Tridentiger bifasciatus* Steindachner, 1881

    150   纹缟虾虎鱼 *Tridentiger trigonocephalus* (Gill, 1859)

金钱鱼科 Scatophagidae

    151   金钱鱼 *Scatophagus argus* (Linnaeus, 1766)

篮子鱼科 Siganidae

    152   长鳍篮子鱼 *Siganus canaliculatus* (Park, 1797)

刺尾鱼科 Acanthuridae

    153   长吻鼻鱼 *Naso unicornis* (Forsskål, 1775)

    154   三棘多板盾尾鱼 *Prionurus scalprum* Valenciennes, 1835

魣科 Sphyraenidae

    155   日本魣 *Sphyraena japonica* Bloch & Schneider, 1801

    156   油魣 *Sphyraena pinguis* Günther, 1874

蛇鲭科 Gempylidae

    157   蛇鲭 *Gempylus serpens* Cuvier, 1829

带鱼科 Trichiuridae

    158   带鱼 *Trichiurus lepturus* Linnaeus, 1758

鲭科 Scombridae

    159   圆舵鲣 *Auxis rochei* (Risso, 1810)

    160   扁舵鲣 *Auxis thazard* (Lacepède, 1800)

    161   鲔 *Euthynnus affinis* (Cantor, 1849)

    162   鲣 *Katsuwonus pelamis* (Linnaeuse, 1758)

163　东方狐鲣 *Sarda orientalis* (Temminck & Schlegel, 1844)

164　澳洲鲭 *Scomber australasicus* Cuvier, 1832

165　日本鲭 *Scomber japonicus* Houttuya, 1782

166　康氏马鲛 *Scomberomorus commerson* (Lacepède, 1800)

167　蓝点马鲛 *Scomberomorus niphonius* (Cuvier, 1832)

长鲳科 Centrolophidae

168　刺鲳 *Psenopsis anomala* (Temminck & Schlegel, 1844)

无齿鲳科 Ariommatidae

169　水母玉鲳 *Psenes arafurensis* Günther, 1889

鲳科 Stromateidae

170　银鲳 *Pampus argenteus* (Euphrasen, 1788)

171　灰鲳 *Pampus cinereus* (Bloch, 1795)

鲽形目 Pleuronectiformes

牙鲆科 Paralichthyidae

172　褐牙鲆 *Paralichthys olivaceus* (Temminck & Schlegel, 1846)

173　大牙斑鲆 *Pseudorhombus arsius* (Hamilton, 1822)

174　爪哇斑鲆 *Pseudorhombus javanicus* (Bleeker, 1853)

175　五眼斑鲆 *Pseudorhombus pentophthalmus* Günther, 1862

鲽科 Pleuronectidae

176　高眼鲽 *Cleisthenes herzensteini* (Schmidt, 1904)

177　粒鲽 *Clidoderma asperrimum* (Temminck & Schlegel, 1846)

178　虫鲽 *Eopsetta grigorjewi* (Herzenstein, 1890)

179　赫氏鲽 *Pleuronectes herzensteini* (Jordan & Snyder, 1901)

180　角木叶鲽 *Pleuronichthys cornutus* (Temminck & Schlegel, 1846)

181　长鲽 *Tanakius kitaharai* (Jordan & Starks, 1904)

鳎科 Soleidae

182　角鳎 *Aesopia cornuta* Kaup, 1858

183　卵鳎 *Solea ovata* Richardson, 1846

184　日本条鳎 *Zebrias japonica* (Bleeker, 1860)

185　带纹条鳎 *Zebrias zebra* (Bloch, 1787)

舌鳎科 Cynoglossidae

186　焦氏舌鳎 *Cynoglossus joyneri* Günther, 1878

187　紫斑舌鳎 *Cynoglossus purpureomaculatus* Regan, 1905

188　宽体舌鳎 *Cynoglossus robustus* Günther, 1873

189　半滑舌鳎 *Cynoglossus semilaevis* Günther, 1873

190　　日本须鳎 *Paraplagusia japonica* (Temminck & Schlegel, 1846)

鲀形目 Tetraodontiformes

拟三刺鲀科 Triacanthodidae

191　　尤氏拟管吻鲀 *Macrorhamphosodes uradoi* (Kamohara,1933)

192　　拟三刺鲀 *Triacanthodes anomalus* (Temminck & Schlegel, 1850)

单角鲀科 Monacanthidae

193　　单角革鲀 *Aluterus monoceros* (Linnaeus, 1758)

194　　丝背细鳞鲀 *Stephanolepis cirrhifer* (Temminck & Schlegel, 1850)

195　　黄鳍马面鲀 *Thamnaconus hypargyreus* (Cope, 1871)

196　　绿鳍马面鲀 *Thamnaconus modestus* (Günther , 1877)

箱鲀科 Ostraciidae

197　　棘箱鲀 *Kentrocapros aculeatus* (Houttuyn, 1782)

198　　粒突箱鲀 *Ostracion cubicus* Linnaeus, 1758

鲀科 Tetraodontidae

199　　黑鳃兔头鲀 *Lagocephalus inermis* (Temminck & Schlegel, 1850)

200　　月兔头鲀 *Lagocephalus lunaris* (Bloch & Schneider, 1801)

201　　棕斑兔头鲀 *Lagocephalus spadiceus* (Richardson, 1845)

202　　淡鳍兔头鲀 *Lagocephalus wheeleri* Abe,Tabeta & Kitahama, 1984

203　　暗纹东方鲀 *Takifugu fasciatus* (McClelland, 1844)

204　　星点东方鲀 *Takifugu niphobles* (Jordan & Snyder, 1901)

205　　假晴东方鲀 *Takifugu pseudommus* (Chu, 1935)

206　　红鳍东方鲀 *Takifugu rubripes* (Temminck & Schlegel, 1850)

207　　横纹东方鲀 *Takifugu oblongus* (Bloch, 1786)

208　　密点东方鲀 *Takifugu stictonotus* (Temminck & Schlegel, 1850)

209　　菊黄东方鲀 *Takifugu flavidus* (Li, Wang & Wu, 1975)

210　　黄鳍东方鲀 *Takifugu xanthopterus* (Temminck & Schlegel, 1850)

刺鲀科 Diodontidae

211　　长刺泰氏鲀 *Tylerius spinosissimus* (Regan, 1908)

212　　六斑刺鲀 *Diodon holocanthus* Linnaeus,1758

翻车鲀科 Molidae

213　　翻车鲀 *Mola mola* (Linnaeus, 1758)

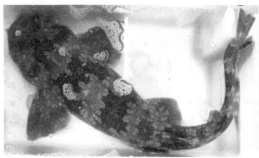

001 日本须鲨 *Orectolobus japonicus*

002 条纹斑竹鲨 *Chiloscyllium plagiosum*

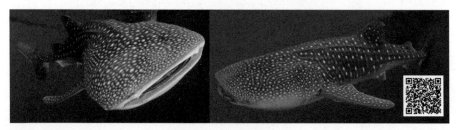

003 鲸鲨 *Rhincodon typus*

004 狐形长尾鲨 *Alopias vulpinus*

005 灰鲭鲨 *Isurus oxyrinchus*

006 阴影绒毛鲨 *Cephaloscyllium umbratile*

007 梅花鲨 *Halaelurus buergeri*

008 虎纹猫鲨 *Scyliorhinus torazame*

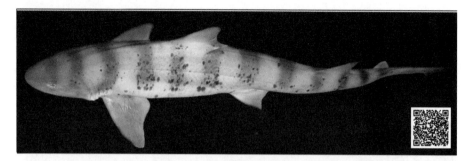

009 皱唇鲨 *Triakis scyllium*

010 短尾真鲨 *Carcharhinus brachyurus*

011 鼬鲨 *Galeocerdo cuvier*

012 宽尾斜齿鲨 *Scoliodon laticaudus*

013 路氏双髻鲨 *Sphyrna lewini*

014 短吻角鲨 *Squalus megalops*

015 长吻角鲨 *Squalus mitsukurii*

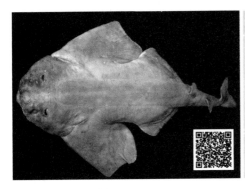

016 日本扁鲨 *Squatina japonica*

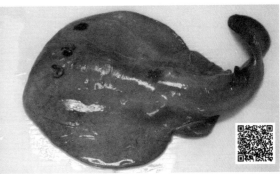

017 日本单鳍电鳐 *Narke japonica*

018 圆犁头鳐 *Rhina ancylostoma*   019 及达尖犁头鳐 *Rhynchobatus djiddensis*

020 斑纹犁头鳐 *Rhinobatos hynnicephalus*

021 许氏犁头鳐 *Rhinobatos schlegeli*

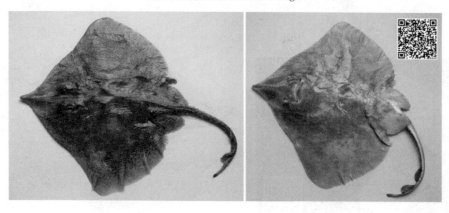

022 何氏鳐 *Okamejei hollandi*

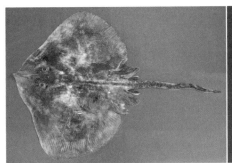
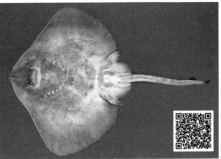

023 斑瓮鳐 *Okamejei kenojei*

024 赤魟 *Dasyatis akajei*　　　　　　　025 黄魟 *Dasyatis bennetti*

026 光魟 *Dasyatis laevigata*

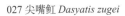
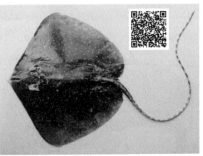

027 尖嘴魟 *Dasyatis zugei*　　　　　　028 齐氏窄尾魟 *Himantura gerrardi*

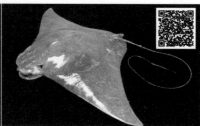

029 日本蝠鲼 *Mobula japanica*　　　　030 爪哇牛鼻鲼 *Rhinoptera javanica*

031 中华鲟 *Acipenser sinensis*　　　　032 日本鳗鲡 *Anguilla japonica*

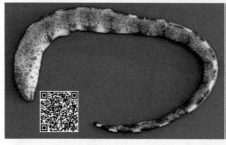
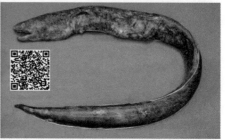

033 网纹裸胸鳝 *Gymnothorax reticularis*　　　　034 前肛鳗 *Dysomma anguillare*

035 似原鹤海鳗 *Congresox talabonoides*　　　　036 海鳗 *Muraenesox cinereus*

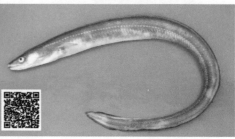

037 日本康吉鳗 *Conger japonicus*　　　　038 星康吉鳗 *Conger myriaster*

039　鰳 *Ilisha elongata*

040　凤鲚 *Coilia mystus*

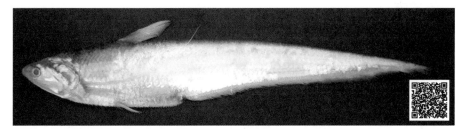

041　刀鲚 *Coilia nasus*

042　鳀 *Engraulis japonicus*

043　黄鲫 *Setipinna taty*

044 斑鰶 *Konosirus punctatus*

045 鲥 *Tenualosa reevesi*

046 大头多齿海鲇 *Netuma thalassina*

047 紫鲆鱼 *Ateleopus purpureus*

048 龙头鱼 *Harpadon nehereus*

049 长蛇鲻 *Saurida elongata*

050 大鳞新灯鱼 *Neoscopelus marcolepidotus*

051 七星底灯鱼 *Benthosema pterotum*

052 日本犀鳕 *Bregmaceros japonicus*

053 麦氏犀鳕 *Bregmaceros mcclellandi*

054 太平洋鳕 *Gadus macrocephalus*

055 棘鼬鳚 *Hoplobrotula armata*

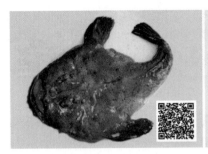

056 黑鮟鱇 *Lophiomus setigerus*　　　057 黄鮟鱇 *Lophius litulon*

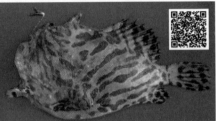

058 钱斑躄鱼 *Antennarius nummifer*　　　059 斑条躄鱼 *Antennarius striatus*

060 棱鲅 *Liza carinata*

061 鲅 *Liza haematocheila*

062 鲻鱼 *Mugil cephalus*

063 横带扁颌针鱼 *Ablennes hians*

064 海鲂 *Zeus faber*

065 克氏海马 *Hippocampus kelloggi*

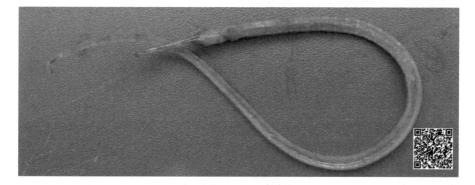

066 尖海龙 *Syngnathus acus*

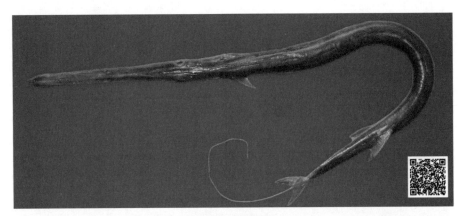

067 鳞烟管鱼 *Fistularia petimba*

068 单棘豹鲂鮄 *Dactyloptena peterseni*

069 布氏盔蓑鲉 *Ebosia bleekeri*

070 日本鬼鲉 *Inimicus japonicus*

071 单指虎鲉 *Minous monodactylus*

072 许氏平鲉 *Sebastes schlegelii*

073 汤氏平鲉 *Sebastes thompsoni*

074 褐菖鲉 *Sebastiscus marmoratus*

075 小眼绿鳍鱼 *Chelidonichthys spinosus*

076 鲬 *Platycephalus indicus*

077　大泷六线鱼 *Hexagrammos otakii*

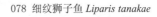

078　细纹狮子鱼 *Liparis tanakae*

079 花鲈 *Lateolabrax japonicus*

080 青石斑鱼 *Epinephelus awoara*

081 东洋鲈 *Niphon spinosus*

082 姬鮨 *Tosana niwae*

083 短尾大眼鲷 *Priacanthus macracanthus*

084 长尾大眼鲷 *Priacanthus tayenus*

085 细条天竺鲷 *Apogon lineatus*

086 少鳞鱚 *Sillago japonica*

087 日本方头鱼 *Branchiostegus japonicus*

088 鲯鳅 *Coryphaena hippurus*

089 军曹鱼 *Rachycentron canadum*

090 高体若鲹 *Carangoides equula*

091 蓝圆鲹 *Decapterus maruadsi*

092 大甲鲹 *Megalaspis cordyla*

093 杜氏鰤 *Seriola dumerili*

094 日本竹䇲鱼 *Trachurus japonicus*   095 黑纹小条鲕 *Zonichthys nigrofasciata*

096 眼镜鱼 *Mene maculata*   097 短吻鲾 *Leiognathus brevirostris*

098 松鲷 *Lobotes surinamensis*   099 横带髭鲷 *Hapalogenys mucronatus*

100 斜带髭鲷 *Hapalogenys nigripinnis*   101 三线矶鲈 *Parapristipoma trilineatum*

102 金线鱼 *Nemipterus virgatus*   103 红鳍裸颊鲷 *Lethrinus haematopterus*

104 黄鳍棘鲷 *Acanthopagrus latus*　　　　　105 黑棘鲷 *Acanthopagrus schlegelii*

106 黄犁齿鲷 *Evynnis tumifrons*　　　　　107 真赤鲷 *Pagrus major*

108 四指马鲅 *Eleutheronema tetradactylum*

109 棘头梅童鱼 *Collichthys lucidus*

110 皮氏叫姑鱼 *Johnius belangerii*　　　　　111 大黄鱼 *Larimichthys crocea*

112 小黄鱼 *Larimichthys polyactis*

113 鮸 *Miichthys miiuy*

114 黄姑鱼 *Nibea albiflora*

115 银姑鱼 *Pennahia argentata*

116 日本绯鲤 *Upeneus japonicus*

117 细刺鱼 *Microcanthus strigatus*

118 帆鳍鱼 *Histiopterus typus*

119 日本五棘鲷 *Pentaceros japonicus*

120 细鳞鯻 *Terapon jarbua*

121 鯻鱼 *Terapon theraps*

122 条石鲷 *Oplegnathus fasciatus*

123 斑石鲷 *Oplegnathus punctatus*

124 四角唇指䱽 *Cheilodactylus quadricornis*

125 花尾唇指䱽 *Cheilodactylus zonatus*

126 克氏棘赤刀鱼 *Acanthocepola krusensternii*

127 背点棘赤刀鱼 *Acanthocepola limbata*

128 花鳍副海猪鱼 *Parajulis poecilepterus*

129 金黄突额隆头鱼 *Semicossyphus reticulates*

130 长绵鳚 *Zoarces elongatus*

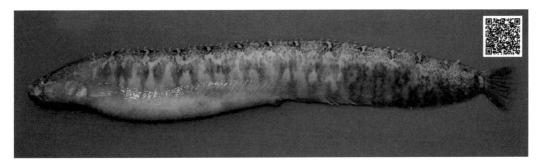

131 云纹锦鳚 *Pholis nebulosa*

132 六带拟鲈 *Parapercis sexfasciatus*

133 日本䲢 *Uranoscopus japonicus*　　　　　　　　　　134 青䲢 *Xenocephalus elongatus*

135 美肩鳃鳚 *Omobranchus elegans*　　　　　136 八部副鳚 *Parablennius yatabei*

137 乌塘鳢 *Bostrychus sinensis*

138 斑尾刺虾虎鱼 *Acanthogobius ommaturus*

139 大弹涂鱼 *Boleophthalmus pectinirostris*　　　　140 大口裸头虾虎鱼 *Chaenogobius gulosus*

141 矛尾虾虎鱼 *Chaeturichthys stigmatias*

142 中华栉孔虾虎鱼 *Ctenotrypauchen chinensis*

143 斑纹舌虾虎鱼 *Glossogobius olivaceus*

144 竿虾虎鱼 *Luciogobius guttatus*

145 拉氏狼牙虾虎鱼 *Odontamblyopus lacepedii*

146 犬齿背眼虾虎鱼 *Oxuderces dentatus*

147 弹涂鱼 *Periophthalmus modestus*

148 髭缟虾虎鱼 *Tridentiger barbatus*

149 双带缟虾虎鱼 *Tridentiger bifasciatus*

150 纹缟虾虎鱼 *Tridentiger trigonocephalus*

151 金钱鱼 *Scatophagus argus*

152 长鳍篮子鱼 *Siganus canaliculatus*

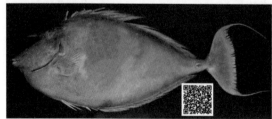

153 长吻鼻鱼 *Naso unicornis*

154 三棘多板盾尾鱼 *Prionurus scalprum*

155 日本鲟 *Sphyraena japonica*　　　　　　　　156 油鲟 *Sphyraena pinguis*

157 蛇鲭 *Gempylus serpens*

158 带鱼 *Trichiurus lepturus*

159 圆舵鲣 *Auxis rochei*

160 扁舵鲣 *Auxis thazard*

161 鲔 *Euthynnus affinis*

162 鲣 *Katsuwonus pelamis*

163 东方狐鲣 *Sarda orientalis*

164 澳洲鲭 *Scomber australasicus*

165 日本鲭 *Scomber japonicus*

166 康氏马鲛 *Scomberomorus commerson*

167 蓝点马鲛 *Scomberomorus niphonius*

168 刺鲳 *Psenopsis anomala*　　　　　169 水母玉鲳 *Psenes arafurensis*

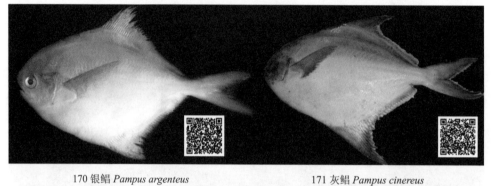

170 银鲳 *Pampus argenteus*　　　　　171 灰鲳 *Pampus cinereus*

172 褐牙鲆 *Paralichthys olivaceus*　　　　173 大牙斑鲆 *Pseudorhombus arsius*

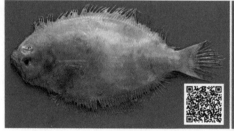

174 爪哇斑鲆 *Pseudorhombus javanicus*　　　175 五眼斑鲆 *Pseudorhombus pentophthalmus*

176 高眼鲽 *Cleisthenes herzensteini*　　　　177 粒鲽 *Clidoderma asperrimum*

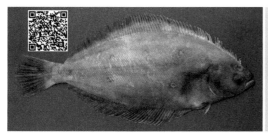

178 虫鲽 *Eopsetta grigorjewi*

179 赫氏鲽 *Pleuronectes herzensteini*

180 角木叶鲽 *Pleuronichthys cornutus*

181 长鲽 *Tanakius kitaharai*

182 角鳎 *Aesopia cornuta*

183 卵鳎 *Solea ovata*

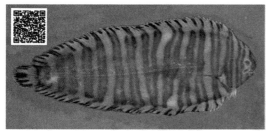

184 日本条鳎 *Zebrias japonica*

185 带纹条鳎 *Zebrias zebra*

186 焦氏舌鳎 *Cynoglossus joyneri*

187 紫斑舌鳎 *Cynoglossus purpureomaculatus*

188 宽体舌鳎 *Cynoglossus robustus*　　189 半滑舌鳎 *Cynoglossus semilaevis*

190 日本须鳎 *Paraplagusia japonica*

191 尤氏拟管吻鲀 *Macrorhamphosodes uradoi*

192 拟三刺鲀 *Triacanthodes anomalus*

193 单角革鲀 *Aluterus monoceros*

194 丝背细鳞鲀 *Stephanolepis cirrhifer*

195 黄鳍马面鲀 *Thamnaconus hypargyreus*

196 绿鳍马面鲀 *Thamnaconus modestus*

197 棘箱鲀 *Kentrocapros aculeatus*　　　　198 粒突箱鲀 *Ostracion cubicus*

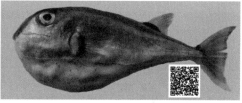

199 黑鳃兔头鲀 *Lagocephalus inermis*　　　　200 月兔头鲀 *Lagocephalus lunaris*

201 棕斑兔头鲀 *Lagocephalus spadiceus*　　　　202 淡鳍兔头鲀 *Lagocephalus wheeleri*

203 暗纹东方鲀 *Takifugu fasciatus*　　　　204 星点东方鲀 *Takifugu niphobles*

205 假晴东方鲀 *Takifugu pseudommus*　　　　206 红鳍东方鲀 *Takifugu rubripes*

207 横纹东方鲀 *Takifugu oblongus*　　　　208 密点东方鲀 *Takifugu stictonotus*

209 菊黄东方鲀 *Takifugu flavidus*　　　　　　210 黄鳍东方鲀 *Takifugu xanthopterus*

211 长刺泰氏鲀 *Tylerius spinosissimus*　　　　　212 六斑刺鲀 *Diodon holocanthus*

213 翻车鲀 *Mola mola*

附录 II　舟山海域贝类名录及图集

多板纲 Polyplacophora

新有甲目 Neoloricata

鳞侧石鳖科 Lepidochitonidae

001　低粒鳞侧石鳖 *Leptochiton rugatus* (Carpenter in Pilsbry, 1892)

锉石鳖科 Ischnochitonidae

002　花斑锉石鳖 *Ischnochiton comptus* (Gould, 1859)

003　朝鲜鳞带石鳖 *Lepidozona coreanica* (Reeve, 1847)

石鳖科 Chitonidae

004　日本花棘石鳖 *Liolophura japonica* (Lischke,1873)

鬃毛石鳖科 Mopaliidae

005　网纹鬃毛石鳖 *Mopalia retifera* Thiele,1909

006　史氏宽板石鳖 *Placiphorella stimpsoni* (Gould, 1859)

007　宽板石鳖 *Placiphorella* sp.

毛肤石鳖科 Acanthochitonidae

008　红条毛肤石鳖 *Acanthochitona rubrolineata* (Lischke, 1873)

掘足纲 Scaphopoda

角贝目 Dentaliida

角贝科 Dentaliidae

009　变肋角贝 *Dentalium octangulatum* Donovan,1804

010　大角贝 *Pictodentalium vernedei* (Sowerby II, 1860)

双壳纲 Bivalvia

古多齿亚纲 Palaeotaxodonta

胡桃蛤目 Nuculoida

胡桃蛤科 Nuculidae

011　豆形胡桃蛤 *Nuculana pernula* (O. F. Müller, 1779)

云母蛤科（绫衣蛤科）Yoldiidae

012　醒目云母蛤 *Yoldia notabilis* Yokoyama, 1922

013　薄云母蛤 *Yoldia similis* Kuroda & Habe,1952

翼形亚纲 Pteriomorphia

蚶目 Arcoida

蚶科 Arcidae

014　榛蚶 *Arca patriarchalis* Röding, 1798

015　布氏蚶 *Arca boucardi* Jousseaume,1894

016　青蚶 *Barbatia obliquata* (Wood, 1828)

017　小型深海蚶 *Bathyarca kyurokusimana* (Nomura & Hatai, 1940)

018　双纹须蚶 *Mesocibota bistrigata* (Dunker, 1866)

019　毛蚶 *Scapharca kagoshimensis* (Tokunaga,1906)

020　泥蚶 *Tegillarca granosa* (Linnaeus,1758)

细纹蛤科 Noetiidae

021　对称拟蚶 *Striarca symmetrica* (Reeve, 1844)

022　橄榄蚶 *Estellacar olivacea* (Reeve, 1844)

023　褐蚶 *Didimacar tenebrica* (Reeve,1844)

贻贝目 Mytiloida

贻贝科 Mytilidae

024　短石蛏 *Lithophaga curta* Iischke,1784

025　偏顶蛤 *Modiolus modiolus* (Linnaeus,1758)

026　角偏顶蛤 *Modiolus modulaides* (Röding, 1798)

027　毛偏顶蛤 *Modiolus barbatus* (Linnaeus,1758)（具争议种）

028　带偏顶蛤 *Modiolus comptus* (G. B. Sowerby III, 1915)

029　凸壳肌蛤 *Musculus senhousia* (Benson,1842)

030　厚壳贻贝 *Mytilus coruscus* Gould,1861

031　地中海贻贝 *Mytilus galloprovincialis* Lamarck, 1819 （紫贻贝、贻贝）

032　条纹隔贻贝 *Septifer virgatus* (Wiegmann,1873)

033　毛贻贝 *Trichomya hirsuta* (Lamarck,1819)

034　黑荞麦蛤 *Xenostrobus atratus* (Lischke, 1871)

江珧科 Pinnidae

035　栉江珧 *Atrina pectinata* (Linnaeus,1767)

珍珠贝目 Pterioida

珍珠贝科 Pteriidae

036　珠母贝 *Pinctada margaritifera* (Linnaeus, 1758)

037　长耳珠母贝 *Pinctada chemnitzii* (Philippi, 1849)

038　斑马翼电光贝 *Pterelectroma physoides* (Lamarck, 1819)

扇贝科 Pectinidae

039　海湾扇贝 *Argopecten irradians* (Lamarck, 1819)

040　栉孔扇贝 *Chlamys farreri* (Jones & Preston,1904)

041　嵌条扇贝 *Pecten albicans* (Schröter, 1802)

042 平濑掌扇贝 *Volachlamys hirasei* (Bavay, 1904)

043 新加坡掌扇贝 *Volachlamys singaporina* (Sowerby,1842)

不等蛤科 Anomiidae

044 中国不等蛤 *Anomia chinensis* Philippi,1849

045 盾形不等蛤 *Anomia cytaeum* Gray, 1850

海月科 Placunidae

046 海月 *Placuna placenta* (Linnaeus,1758)

牡蛎科 Ostreidae

047 褶牡蛎 *Alectryonella plicatula* (Gmelin, 1791)

048 近江牡蛎 *Crassostrea ariakensis* (Wakiya,1929)

049 僧帽牡蛎 *Saccostrea cucullata* (Born,1778)

050 长牡蛎 *Crassostrea gigas* (Thunberg,1793)

051 团聚牡蛎 *Saccostrea glomerata* Gould,1850

052 中华牡蛎 *Hyotissa sinensis* (Gmelin, 1791)

053 密鳞牡蛎 *Ostrea denselamellosa* Lischke

054 棘刺牡蛎 *Saccostrea echinata* (Quoy & Gaimard,1835)

异齿亚纲 Heterodonta

帘蛤目 Veneroida

猿头蛤科 Chamidae

055 扭曲猿头蛤 *Chama pacifica* Broderip, 1835

厚壳蛤科 Crassatellidae

056 亮厚壳蛤 *Eucrassatella speciosa* (A. Adams, 1854)

蛤蜊科 Mactridae

057 斧光蛤蜊 *Mactrinula dolabrata* (Deshayes, 1854)

058 紫藤斧蛤 *Donax semigranosus* Dunker,1877

樱蛤科 Tellinidae

059 彩虹明樱蛤 *Moerella iridescens* (Benson,1842)

060 江户明樱蛤 *Moerella jedoeusis* (Lischke,1872)

061 细明樱蛤 *Moerella rutila* (Dunker,1860)

062 刀明樱蛤 *Moerella culter* (Hanley,1844)

063 亮樱蛤 *Nitidotellina nitidula* (Dunker,1860)

064 灯白樱蛤 *Macoma lucerna* (Hanley,1844)

065 透明美丽蛤 *Merisca diaphana* (Deshayes,1854) （具争议）

066 拟角蛤 *Tellina vestalioides* Yokoyama, 1920

地理蛤科 Semelidae

067 脆壳理蛤 *Theora lata* (Hinds, 1843)

截蛏科 Solecurtidae

068　总角截蛏 *Solecurtus divaricatus* (Lischke,1869)

069　缢蛏 *Sinonovacula constricta* (Lamarck,1818)

竹蛏科 Solenidae

070　大竹蛏 *Solen grandis* Dunker,1862

071　长竹蛏 *Solen strictus* Gould,1861

072　直线竹蛏 *Solen linearis* Spengier,1794

刀蛏科 Cultellidae (Pharidae)

073　小刀蛏 *Cultellus attenuatus* Dunker,1862

074　尖刀蛏 *Cultellus scalprum* (Gould, 1850)

075　小荚蛏 *Siliqua minima* (Gmelin,1791)

棱蛤科 Trapezidae

076　纹斑棱蛤 *Neotrapezium liratum* (Reeve, 1843)

帘蛤科 Veneridae

077　无齿蛤 *Anodontia edentula* (Linnaeus,1758)（曾称满月蛤）

078　青蛤 *Cyclina sinensis* (Gmelin,1791)

079　日本镜蛤 *Dosinia japonica* (Reeve,1850)

080　薄片镜蛤 *Dosinia corrugata* (Reeve,1850)

081　等边浅蛤 *Gomphina aequilatera* (Sowerby,1825)

082　四角蛤蜊 *Mactra quadrangularis* Reeve, 1854

083　中国蛤蜊 *Mactra chinensis* Philippi, 1846

084　西施舌 *Mactra antiquata* Sepengler,1802

085　文蛤 *Meretrix meretrix* (Linnaeus,1758)

086　斧文蛤 *Meretrix lamarckii* Deshayes, 1853

087　丽文蛤 *Meretrix lusoria* (Röding, 1798)

088　凸镜蛤 *Pelecyora nana* (Reeve, 1850)

089　江户布目蛤 *Protothaca jedoensis* (Lischke, 1874)

090　真曲布目蛤 *Protothaca staminea euglypta* (Sowerby,1837)

091　菲律宾蛤仔 *Ruditapes philippinarum* (Adams & Reeve,1850)

092　温和翅鳞蛤 *Irus mitis* (Deshayes, 1854)

绿螂科 Glauconomidae

093　中华绿螂 *Glauconome chinensis* (Gray,1828)

094　薄壳绿螂 *Glauconome primeana* Crosse & Debeaux,1863

凯利蛤科 Kelliidae

095　豆形凯利蛤 *Kellia porculus* Pilsbry,1904

海螂目 Myoida

篮蛤科 Corbulidae

096　光滑河篮蛤 *Potamocorbula laevis* (Hinds,1843)

097　红齿硬篮蛤 *Solidicorbula erythrodon* (Lamarck,1818)

098　秀丽异篮蛤 *Anisocorbula modesta* (Hinds,1843)

099　灰异篮蛤 *Anisocorbula pallida* (Hinds,1843)

缝栖蛤科 Hiatellidae

100　东方缝栖蛤 *Hiatella orientalis* (Yokoyama,1920)

101　异纹心蛤 *Cardita variegata* Bruguière, 1792

开腹蛤科 Gastrochaenidae

102　楔形开腹蛤 *Gastrochaena cuneiformis* Spengles,1783

海笋科 Pholadidae

103　大沽全海笋 *Barnea davidi* (Deshayes,1874)

104　宽壳全海笋 *Barnea dilatata* (Souleyet,1843)

105　脆壳全海笋 *Barnea manilensis* (Philippi,1847)

106　波纹沟海笋 *Zirfaea crispata* (Linnaeus, 1758)

107　吉村马特海笋 *Aspidopholas yoshimurai* Kuroda & Termachi, 1930

船蛆科 Teredinidae

108　船蛆 *Teredo navalis* Linnaeus,1758

腹足纲 Gastropoda

原始腹足目 Archaeogastropoda

鲍科 Haliotidae

109　皱纹盘鲍 *Haliotis discus hannai* Ino,1953

花帽贝科 Nacellidae

110　嫁蝛 *Cellana toreuma* (Reeve,1854)

笠贝科 Lottiidae

111　史氏背尖贝 *Notoacmea schrenckii* (Lischke, 1868)

112　矮拟帽贝 *Patelloida pygmaea* (Dunker,1860)

马蹄螺科 Trochidae

113　古琴多子螺 *Granata lyrata* Pilsbry,1890

114　单齿螺 *Monodonta labio* (Linnaeus,1758)

115　拟蜒单齿螺 *Monodonta neritoides* (Philippi,1849)

116　托氏蜎螺 *Umbonium thomasi* (Crosse,1863)

117　锈凹螺 *Omphalius rusticus* (Gmelin, 1791)

118　银口凹螺 *Chlorostoma argyrostoma* (Gmelin,1791)

119　　美丽茅草螺 *Cantharidus callichroa* (Philippi,1901)

丽口螺科 Calliostomatidae

120　　丽口螺 *Calliostoma unicum* (Dunker,1860)

海豚螺科 Angariidae

121　　海豚螺 *Angaria delphinus* (Linnaeus, 1758)

蝾螺科 Turbinidae

122　　角蝾螺 *Turbo cornutus* Lightfoot, 1786

123　　粒花冠小月螺 *Lunella coronata* (Gmelin, 1791)

蜒螺科 Neritidae

124　　渔舟蜒螺 *Nerita albicilla* Linnaeus, 1758

125　　日本蜒螺 *Nerita japonica* (Dunker,1860)

126　　齿纹蜒螺 *Nerita yoldi* Recluz,1841

中腹足目 Mesogastropoda

滨螺科 Littorinidae

127　　小结节滨螺 *Echinolittorina radiata* (Souleyet in Eydoux & Souleyet, 1852)

128　　塔结节滨螺 *Nodilittorina pyramidalis* (Quoy & Gaimard, 1833)

129　　中间拟滨螺 *Littoraria intermedia* (Philippi, 1846)

130　　粗糙滨螺 *Littoraria scabra* (Linnaeus, 1758)

131　　短滨螺 *Littorina brevicula* (Philippi,1844)

拟沼螺科 Assimineidae

132　　短拟沼螺 *Assiminea brevicula* (Pfeiffer, 1855)

锥螺科 Turritellidae

133　　棒锥螺 *Turritella bacillum* Kiener,1843

蛇螺科 Vermetidae

134　　覆瓦小蛇螺 *Thylacodes adamsii* (Mörch, 1859)

汇螺科 Potamididae

135　　中华拟蟹守螺 *Cerithidea sinensis* (Philippi,1848)

136　　珠带拟蟹守螺 *Cerithideopsilla cingulata* (Gmelin, 1791)

137　　尖锥拟蟹守螺 *Cerithideopsis largillierti* (Philippi, 1848)

滩栖螺科 Batillariidae

138　　纵带滩栖螺 *Batillaria zonalis* (Bruguière, 1792)

帆螺科 Calyptraeidae

139　　刺履螺 *Crepidula aculeata* (Gmelin, 1791)

140　　扁平管帽螺 *Siphopatella walshi* (Reeve,1859)

衣笠螺科 Xenophoridae

141　　光衣笠螺 *Onustus exutus* (Reeve, 1842)

玉螺科 Naticidae

142　乳头真玉螺 *Eunaticina papilla* (Gmelin,1791)

143　微黄镰玉螺 *Lunatia gilva* (Philippi,1851)

144　扁玉螺 *Neverita didyma* (Roding,1798)

145　广大扁玉螺 *Neverita reiniana* Dunker, 1877

146　褐玉螺 *Natica spadicea* (Gmelin,1791)

147　斑玉螺 *Notocochlis tigrina* (Röding, 1798)

148　爪哇窦螺 *Sinum javanicum* (Gray, 1834)

宝贝科 Cypraeidae

149　日本细焦掌贝 *Purpuradusta gracilis* (Gaskoin, 1849)

梭螺科 Ovulidae

150　玫瑰履螺 *Sandalia rhodia* (A. Adams,1854)

151　白带扁梭螺 *Phenacovolva dancei* Cate,1973

152　双喙梭螺 *Phenacovolva birostris* (Linnaeus, 1769)

153　波部钝梭螺 *Volva habei* Oyama, 1961

冠螺科 Cassidae

154　沟纹蔓螺 *Phalium flammiferum* (Röding, 1798)

155　双沟蔓螺 *Semicassis bisulcata* (Schubert & Wagner, 1829)

鹑螺科 Tonnidae

156　带鹑螺 *Tonna galea* (Linnaeus, 1758)

157　沟鹑螺 *Tonna sulcosa* (Born, 1778)

琵琶螺科 Ficidae

158　长琵琶螺 *Ficus gracilis* (G. B. Sowerby I, 1825)

扭螺科 Personidae

159　白扭螺 *Distorsio perdistorta* Fulton, 1938

蛙螺科 Bursidae

160　习见蛙螺 *Bufonaria rana* (Linnaeus, 1758)

异腹足目 Heterogastropoda

海蜗牛科 Janthinidae

161　长海蜗牛 *Janthina globosa* Swainson, 1822

162　海蜗牛 *Janthina janthina* Linnaeus,1758

梯螺科 Epitoniidae

163　尖高旋螺 *Amaea minor* (Sowerby II, 1873)

164　小梯螺 *Epitonium scalare* (Linnaeus, 1758)

165　耳梯螺 *Epitonium auritum* (G. B. Sowerby, 1844)

轮螺科 Architectonicidae

166　　鹧鸪轮螺 *Architectonica perdix* (Hinds,1844)

新腹足目 Neogastropoda

骨螺科 Muricidae

167　　亚洲棘螺 *Chicoreus asianus* Kuroda, 1942

168　　浅缝骨螺 *Murex trapa* Röding, 1798

169　　缩强肋螺 *Ergalatax contracta* (Reeve, 1846)

170　　红螺 *Rapana bezoar* (Linnaeus,1767)

171　　脉红螺 *Rapana venosa* (Valenciennes,1846)

172　　疣荔枝螺 *Reishia clavigera* (Küster, 1860)

173　　黄口荔枝螺 *Reishia luteostoma* (Holten, 1803)

174　　瘤荔枝螺 *Reishia bronni* (Dunker, 1860)

核螺科 Columbellidae

175　　丽核螺 *Mitrella albuginosa* (Reeve, 1859)

176　　双带核螺 *Mitrella bicincta* (Gould, 1860)

177　　布尔小笔螺 *Mitrella burchardi* (Dunker, 1877)

178　　多形核螺 *Euplica varians* (Sowerby Ⅰ, 1832)

蛾螺科 Buccinidae

179　　甲虫螺 *Cantharus cecillei* (Philippi,1844)

180　　褐管蛾螺 *Siphonalia spadicea* (Reeve,1847)

盔螺科 Melongenidae

181　　管角螺 *Hemifusus tuba* (Gmelin, 1791)

182　　细角螺 *Hemifusus ternatanus* (Gmelin,1791)

织纹螺科 Nassariidae

183　　群栖织纹螺 *Nassarius gregarius* (Grabau & King, 1928)

184　　红带织纹螺 *Nassarius succinctus* (A. Adams, 1852)

185　　纵肋织纹螺 *Nassarius variciferus* (A. Adams,1582)

186　　半褶织纹螺 *Nassarius sinarus* (Philippi, 1851)

187　　秀丽织纹螺 *Nassarius festivus* (Powys,1835)

188　　节织纹螺 *Nassarius hepaticus* (Pulteney, 1799)

189　　珍珠织纹螺 *Nassarius margaritifer* (Dunker, 1847)

190　　西格织纹螺 *Nassarius siquijorensis* (A. Adams, 1852)

191　　方格织纹螺 *Nassarius conoidalis* (Deshayes, 1832)

榧螺科 Olividae

192　　伶鼬榧螺 *Oliva mustelina* Lamarck,1881

笔螺科 Mitridae

193   中国笔螺 *Mitra chinensis* Gray,1834

细带螺科 Fasciolariidae

194   长纺锤螺 *Fusinus colus* (Linnaeus, 1758)

195   塔形纺锤螺 *Fusinus forceps* (Perry,1811)

衲螺科 Cancellariidae

196   金刚螺 *Sydaphera spengleriana* (Deshayes,1830)

197   白带三角口螺 *Trigonaphera bocageana* (Crosse & Debeaux, 1863)

198   衲螺 *Scalptia crenifera* (G. B. Sowerby I, 1832)

199   粗莫利加螺 *Merica asperella* (Lamarck, 1822)

200   中华莫利加螺 *Merica sinensis* (Reeve, 1856)

塔螺科 Turridae

201   细肋蕾螺 *Gemmula deshayesii* (Doumell, 1839)

202   白龙骨乐飞螺 *Lophiotoma leucotropis* (A. Adams & Reeve, 1850)

203   爪哇拟塔螺 *Turricula javana* (Linnaeus,1767)

204   假奈拟塔螺 *Turricula nelliae spuria* (Hedley, 1922)

205   黄短口螺 *Clathrodrillia flavidula* (Lamarck, 1822)

假主棒螺科 Pseudomelatomidae （原属塔螺科）

206   假主棒螺 *Crassispira pseudopriciplis* (Yokoyama,1920)

笋螺科 Terebridae

207   环沟笋螺 *Pristiterebra bifrons* (Hinds, 1844)

208   白带笋螺 *Duplicaria dussumierii* (Kiener, 1839)

肠扭目 Heterostropha

小塔螺科 Pyramidellidae

209   微角齿口螺 *Odostomia sublirulata* Carpenter, 1857

愚螺科 Amathinidae

210   三肋马掌螺 *Amathina tricarinata* (Linnaeus, 1767) (三肋愚螺)

头楯目 Cephalaspidea

露齿螺科 Ringiculidae

211   耳口露齿螺 *Ringicula doliaris* Gould, 1860

阿地螺科 Atyidae

212   泥螺 *Bullacta exarata* (Philippi, 1849)

213   杯阿地螺 *Cylichnatys angusta* (Gould,1859) (角杯内地螺)

214   空杯丽葡萄螺 *Lamprohaminoea cymbalum* (Quoy & Gaimard, 1835) (琢葡萄螺)

囊螺科 Retusidae

215　婆罗囊螺 *Retusa boenensis* (A,Adams,1850)

三叉螺科 Cyclichnidae

216　圆筒原盒螺 *Eocylichna braunsi* (Yokoyama, 1920)

壳蛞蝓科 Philinidae

217　银白壳蛞蝓 *Philine argentata* (Gould,1859)

218　日本壳蛞蝓 *Philine japonica* Lischke, 1872

219　东方壳蛞蝓 *Philine orientalis* A. Adams, 1854

无楯目 Anspidea

海兔科 Aplysiidae

220　黑斑海兔 *Aplysia kurodai* Baba,1937

221　眼斑海兔 *Aplysia oculifera* A. Adams & Reeve, 1850

222　网纹海兔 *Aplysia argus* Rüppell & Leuckart, 1830

223　黑边海兔 *Aplysia parvula* Mörch, 1863

被壳目 Thecosomata

龟螺科 Cavoliniidae

224　长吻龟螺 *Diacavolinia longirostris* (Blainville, 1821)

225　厚唇螺 *Diacria trispinosa* (Blainville, 1821)

226　四齿厚唇螺 *Diacria quadridentata* (Blainville, 1821)

笔帽螺科 Creseidae （原属龟螺科）

227　尖笔帽螺 *Creseis clava* (Rang, 1828)

228　玻杯螺 *Hyalocylis striata* (Rang, 1828)

背楯目 Notaspidea

侧鳃科 Pleurobranchaeidae

229　蓝无壳侧鳃 *Pleurobranchaea maculata* (Quoy & Gaimard, 1832)

裸鳃目 Nudibranchia

多角海牛科 Polyceridae

230　多枝卷发海牛 *Kaloplocamus ramosus* (Cantraine, 1835)

仿海牛科 Dorididae

231　日本石磺海牛 *Homoiodoris japonica* Bergh,1882

多彩海牛科 Chromodorididae

232　黄紫舌尾海牛 *Goniobranchus aureopurpureus* (Collingwood, 1881)

枝鳃海牛科 Dendrodorididae

233　黑枝鳃海牛 *Dendrodoris nigra* (Stimpson, 1855)

234　芽枝鳃海牛 *Dendrodoris krusensternii* (Gray, 1850)

片鳃科 Arminidae

235　微点舌片鳃 *Armina babai* (Tchaing,1934)

236　日本片鳃 *Armina japonica* (Eliot, 1913)

四枝海牛科 Scyllaeidae

237　背苔鳃 *Notobryon wardi* Odhner,1936

海神鳃科 Glaucidae

238　海神鳃 *Glaucus atlanticus* Forster, 1777

基眼目 Basmmatophora

耳螺科 Ellobiidae

239　中国耳螺 *Ellobium chinense* Pfeiffer, 1854

菊花螺科 Siphonariidae

240　日本菊花螺 *Siphonaria japonica* (Donovan,1842)

241　星形菊花螺 *Siphonaria sirius* Pilsbry,1894

柄眼目 Stylommatophora

石磺科 Onchidiidae

242　石磺 *Onchidium verruculatum* Cuvier, 1830

头足纲 Cephaloppda

乌贼目 Sepioidea

乌贼科 Sepiidae

243　日本无针乌贼 *Sepiella japonica* Sasaki, 1929

244　金乌贼 *Sepia esculenta* Hoyle, 1885

245　拟目乌贼 *Sepia lycidas* Gray, 1849

耳乌贼科 Sepiolidae

246　双喙耳乌贼 *Sepiola birostrata* Sasaki, 1918

枪形目 Teuthoidea

枪乌贼科 Loliginidae

247　日本枪乌贼 *Loliolus japonicus* (Hoyle, 1885)

248　剑光枪乌贼 *Uroteuthis edulis* (Hoyle, 1885)（剑尖枪乌贼）

249　长枪乌贼 *Heterololigo bleekeri* (Keferstein, 1866)

250　苏门答腊枪乌贼 *Loliolus sumatrensis* (d'Orbigny, 1835)（神户枪乌贼）

251　中国枪乌贼 *Uroteuthis chinensis* (Gray, 1849)

252　伍氏枪乌贼 *Loliolus uyii* (Wakiya & Ishikawa, 1921)（五岛枪乌贼）

253　火枪乌贼 *Loliolus beka* (Sasaki, 1929)

254　田乡枪乌贼 *Loligo tagoi* Sasaki, 1929

255　莱氏拟乌贼 *Sepioteuthis lessoniana* Lesson, 1830

柔鱼科 Ommastrephidae

256　　太平洋褶柔鱼 *Todarodes pacificus* (Steenstrup,1880)

八腕目 Octopoda

蛸科 Octopodidae

257　　长蛸 *Polypus variabilis* Sasaki, 1929

258　　短蛸 *Amphioctopus fangsiao* (d'Orbigny, 1839)

259　　真蛸 *Octopus vulgaris* Lamarck,1797

船蛸科 Argonautidae

260　　船蛸 *Argonauta argo* Linnaeus, 1758

261　　锦葵船蛸 *Argonauta hians* Lightfoot, 1786

001 低粒鳞侧石鳖 *Leptochiton rugatus*

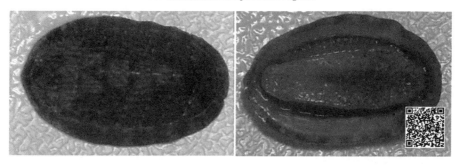

002 花斑锉石鳖 *Ischnochiton comptus*

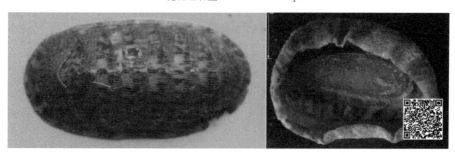

003 朝鲜鳞带石鳖 *Lepidozona coreanica*

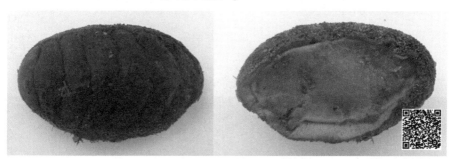

004 日本花棘石鳖 *Liolophura japonica*

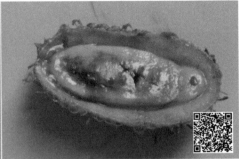

005 网纹鬃毛石鳖 *Mopalia retifera*

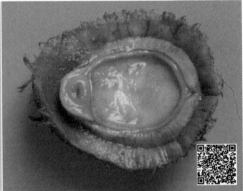

006 史氏宽板石鳖 *Placiphorella stimpsoni*

007 宽板石鳖 *Placiphorella* sp.

008 红条毛肤石鳖 *Acanthochitona rubrolineata*

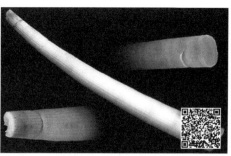

009 变肋角贝 *Dentalium octangulatum*　　　　　010 大角贝 *Pictodentalium vernedei*

011 豆形胡桃蛤 *Nucula kawamurai*

012 醒目云母蛤 *Yoldia notobilis*

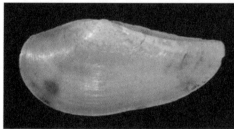
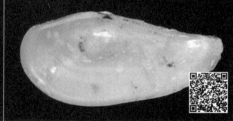

013 薄云母蛤 *Yoldia similis*

014 榛蚶 *Arca avellana*

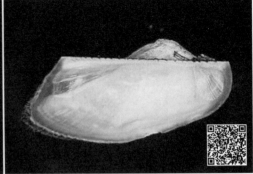

015 布氏蚶 *Arca boucardi*

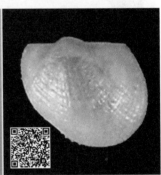

016 青蚶 *Barbatia obliquata*　　　　　　017 小型深海蚶 *Bathyarca kyurokusimana*

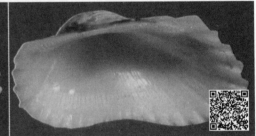

018 双纹须蚶 *Mesocibota bistrigata*

019 毛蚶 *Scapharca kagoshimensis*　　　　　020 泥蚶 *Tegillarca granosa*

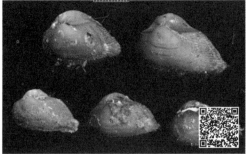

021 对称拟蚶 *Striarca symmetrica*

022 橄榄蚶 *Estellacar olivacea*

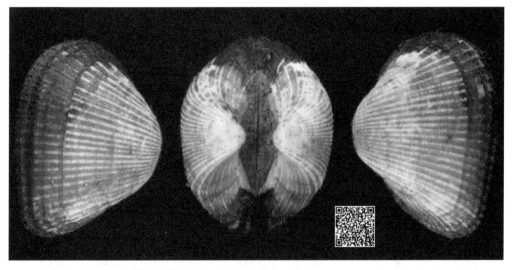

023 褐蚶 *Didimacar tenebrica*

024 短石蛏 *Lithophaga curta*

025 偏顶蛤 *Modiolus modiolus*

026 角偏顶蛤 *Modiolus modulaides*

027 毛偏顶蛤 *Modiolus barbatus*

028 带偏顶蛤 *Modiolus comptus*

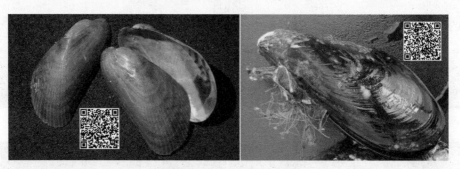

029 凸壳肌蛤 *Musculus senhousia*　　　　030 厚壳贻贝 *Mytilus coruscus*

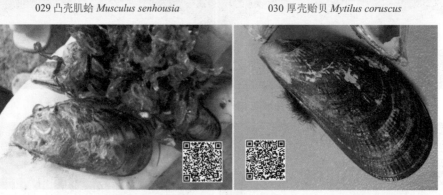

031 地中海贻贝 *Mytilus galloprovincialis*　　　　032 条纹隔贻贝 *Septifer virgatus*

033 毛贻贝 *Trichomya hirsuta*

034 黑荞麦蛤 *Xenostrobus atratus*

035 栉江珧 *Atrina pectinata*

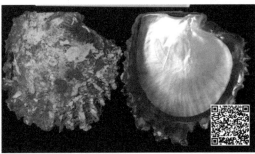

036 珠母贝 *Pinctada margaritifera*

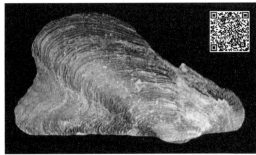

037 长耳珠母贝 *Pinctada chemnitzii*

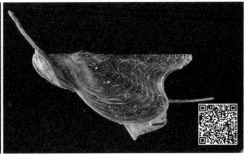

038 斑马翼电光贝 *Pterelectroma physoides*

039 海湾扇贝 *Argopecten irradians*

040 栉孔扇贝 *Chlamys farreri*

041 嵌条扇贝 *Pecten albicans*　　　　042 平濑掌扇贝 *Volachlamys hirasei*

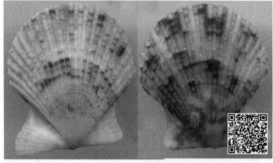
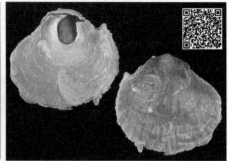

043 新加坡掌扇贝 *Volachlamys singaporina*　　　　044 中国不等蛤 *Anomia chinensis*

045 盾形不等蛤 *Anomia cytaeum*　　　　046 海月 *Placuna placenta*

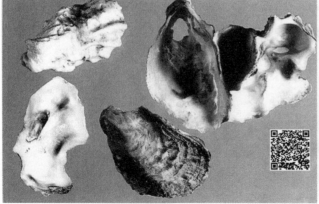
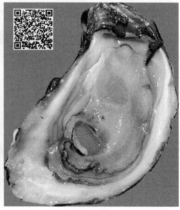

047 褶牡蛎 *Alectryonella plicatula*　　　　048 近江牡蛎 *Crassostrea ariakensis*

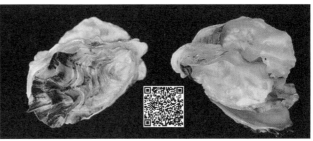

049 僧帽牡蛎 *Saccostrea cucullata*　　　　　050 长牡蛎 *Crassostrea gigas*

051 团聚牡蛎 *Saccostrea glomerata*　　　　　052 中华牡蛎 *Hyotissa sinensis*

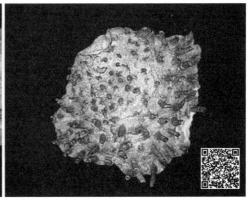

053 密鳞牡蛎 *Ostrea denselamellosa*　　　　　054 棘刺牡蛎 *Saccostrea echinata*

055 扭曲猿头蛤 *Chama pacifica*　　　　　056 亮厚壳蛤 *Eucrassatella speciosa*

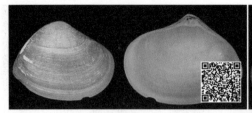
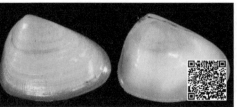

057 斧光蛤蜊 *Mactrinula dolabrata*　　　　058 紫藤斧蛤 *Donax semigranosus*

059 彩虹明樱蛤 *Moerella iridescens*　　　　060 江户明樱蛤 *Moerella jedoeusis*

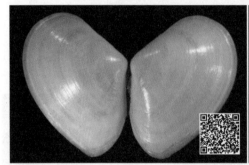
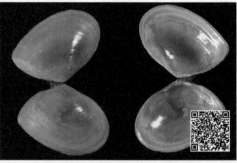

061 细明樱蛤 *Moerella rutila*　　　　062 刀明樱蛤 *Moerella culter*

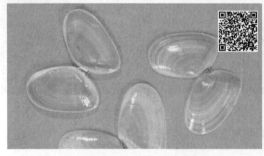
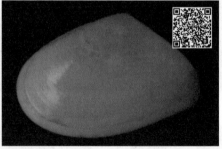

063 亮樱蛤 *Nitidotellina nitidula*　　　　064 灯白樱蛤 *Macoma lucerna*

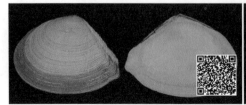
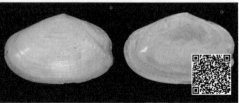

065 透明美丽蛤 *Merisca diaphana*　　　　066 拟角蛤 *Angulus vestalioides*

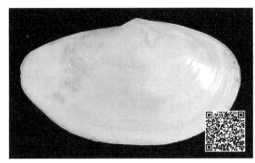

067 脆壳理蛤 *Theora lata*

068 总角截蛏 *Solecurtus divaricatus*

069 缢蛏 *Sinonovacula constricta*

070 大竹蛏 *Solen grandis*

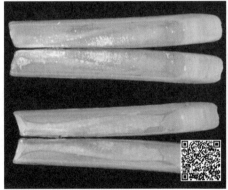

071 长竹蛏 *Solen strictus*

072 直线竹蛏 *Solen linearis*

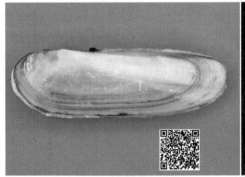

073 小刀蛏 *Cultellus attenuatus*

074 尖刀蛏 *Cultellus scalprum*

075 小荚蛏 *Siliqua minima*

077 无齿蛤 *Anodontia edentula*

076 纹斑棱蛤 *Trapezium liratum*

078 青蛤 *Cyclina sinensis*

079 日本镜蛤 *Dosinia japonica*

080 薄片镜蛤 *Dosinia corrugata*

081 等边浅蛤 *Gomphina aequilatera*

082 四角蛤蜊 *Mactra quadrangularis*　　　　083 中国蛤蜊 *Mactra chinensis*

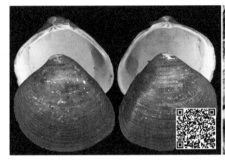

084 西施舌 *Mactra antiquata*　　　　085 文蛤 *Meretrix meretrix*

086 斧文蛤 *Meretrix lamarckii*　　　　087 丽文蛤 *Meretrix lusoria*

088 凸镜蛤 *Pelecyora nana*　　　　089 江户布目蛤 *Protothaca jedoensis*

090 真曲布目蛤 *Protothaca staminea*　091 菲律宾蛤仔 *Ruditapes philippinarum*　092 温和翅鳞蛤 *Irus mitis*

093 中华绿螂 *Glauconome chinensis*　　　　　094 薄壳绿螂 *Glauconome primeana*

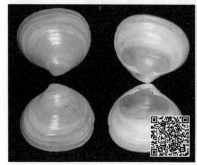  

095 豆形凯利蛤 *Kellia porculus*　　　　　096 光滑河篮蛤 *Potamocorbula laevis*

097 红齿硬篮蛤 *Solidicorbula erythrodon*　　098 秀丽异篮蛤 *Anisocorbula modesta*

099 灰异篮蛤 *Anisocorbula pallida*

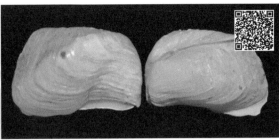

100 东方缝栖蛤 *Hiatella orientalis*

101 异纹心蛤 *Cardita variegata*

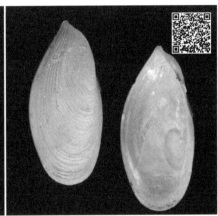

102 楔形开腹蛤 *Gastrochaena cuneiformis*

103 大沽全海笋 *Barnea davidi*

104 宽壳全海笋 *Barnea dilatata*

105 脆壳全海笋 *Barnea manilensis*

106 波纹沟海笋 *Zirfaea crispate*

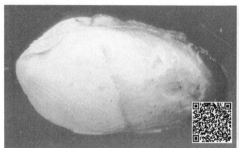

107 吉村马特海笋 *Aspidopholas yoshimurai*　108 船蛆 *Teredo navalis*

109 皱纹盘鲍 *Haliotis discus hannai*　110 嫁蝛 *Cellana toreuma*

111 史氏背尖贝 *Notoacmea schrenckii*　112 矮拟帽贝 *Patelloida pygmaea*

113 古琴多子螺 *Granata lyrata*　114 单齿螺 *Monodonta labio*

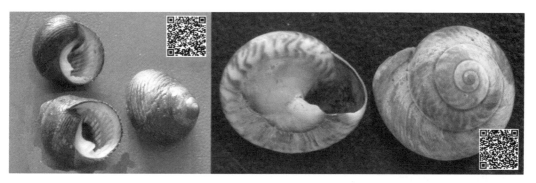

115 拟蜒单齿螺 *Monodonta neritoides*　　　　　116 托氏蜎螺 *Umbonium thomasi*

117 锈凹螺 *Chlorostoma rustica*　　118 银口凹螺 *Chlorostoma argyrostoma*　119 美丽茅草螺 *Cantharidus callichroa*

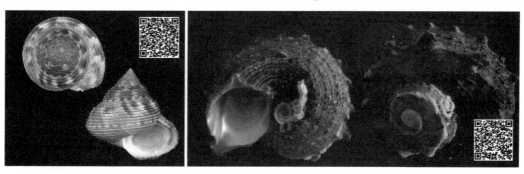

120 丽口螺 *Calliostoma unicum*　　　　　　121 海豚螺 *Angaria delphinus*

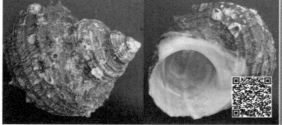

122 角蝾螺 *Turbo cornutus*　　　　　　123 粒花冠小月螺 *Lunella coronata*

124 渔舟蜒螺 *Nerita albicilla*　　125 日本蜒螺 *Nerita japonica*　　126 齿纹蜒螺 *Nerita yoldi*

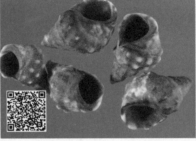

127 小结节滨螺　　128 塔结节滨螺 *Nodilittorina pyramidalis*　　129 中间拟滨螺 *Littoraria intermedia*
Echinolittorina radiate

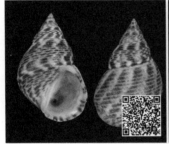

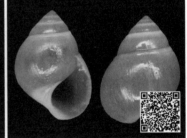

130 粗糙滨螺 *Littoraria scabra*　　131 短滨螺 *Littorina brevicula*　　132 短拟沼螺 *Assiminea brevicula*

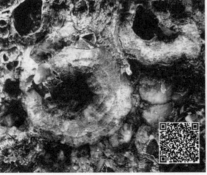

133 棒锥螺 *Turritella bacillum*　　134 覆瓦小蛇螺 *Thylacodes adamsii*　　135 中华拟蟹守螺 *Cerithidea sinensis*

136 珠带拟蟹守螺
Cerithideopsilla cingulate

137 尖锥拟蟹守螺
Cerithideopsis largillierti

138 纵带滩栖螺
Batillaria zonalis

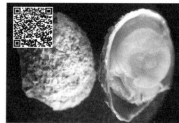 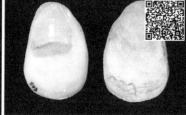 

139 刺履螺 *Crepidula aculeate*　　140 扁平管帽螺 *Siphopatella walshi*　　141 光衣笠螺 *Onustus exutus*

142 乳头真玉螺 *Eunaticina papilla*　　　　　143 微黄镰玉螺 *Lunatia gilva*

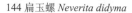 

144 扁玉螺 *Neverita didyma*　　　　145 广大扁玉螺 *Neverita reiniana*

  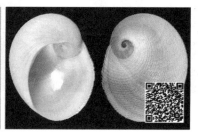

146 褐玉螺 *Natica spadicea*　　147 斑玉螺 *Notocochlis tigrina*　　148 爪哇窦螺 *Sinum javanicum*

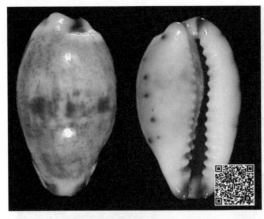

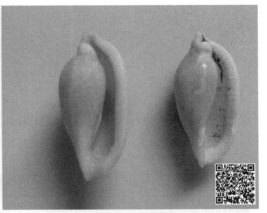

149 日本细焦掌贝 *Purpuradusta gracilis*　　　　　150 玫瑰履螺 *Sandalia rhodia*

151 白带扁梭螺 *Phenacovolva dancei*　　152 双喙梭螺 *Phenacovolva birostris*　　153 波部钝梭螺 *Volva habei*

154 沟纹蔓螺 *Phalium flammiferum*　　155 双沟蔓螺 *Semicassis bisulcata*　　156 带鹑螺 *Tonna galea*

157 沟鹑螺 *Tonna sulcosa*　　　　　158 长琵琶螺 *Ficus gracilis*　　　　159 白扭螺 *Distorsio perdistorta*

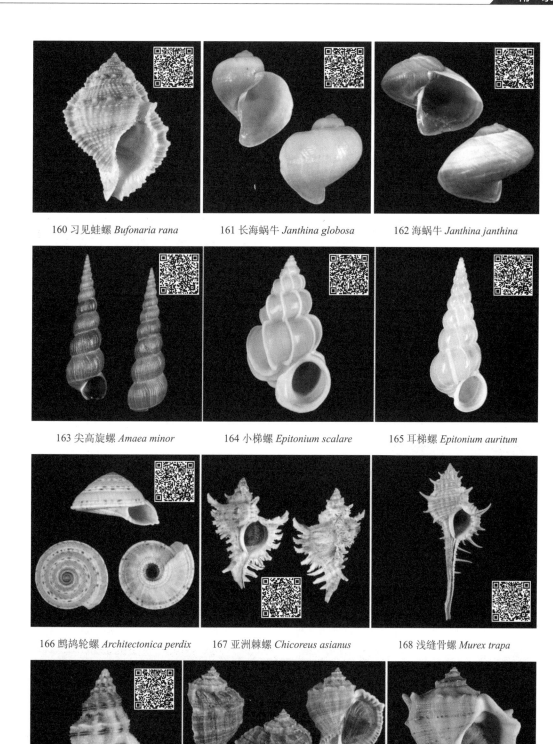

160 习见蛙螺 *Bufonaria rana*　　161 长海蜗牛 *Janthina globosa*　　162 海蜗牛 *Janthina janthina*

163 尖高旋螺 *Amaea minor*　　164 小梯螺 *Epitonium scalare*　　165 耳梯螺 *Epitonium auritum*

166 鹧鸪轮螺 *Architectonica perdix*　　167 亚洲棘螺 *Chicoreus asianus*　　168 浅缝骨螺 *Murex trapa*

169 缩强肋螺 *Ergalatax contracta*　　170 红螺 *Rapana bezoar*　　171 脉红螺 *Rapana venosa*

172 疣荔枝螺 *Reishia clavigera*   173 黄口荔枝螺 *Reishia luteostoma*   174 瘤荔枝螺 *Reishia bronni*

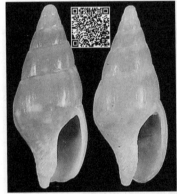
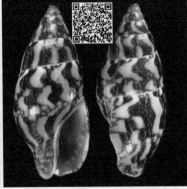
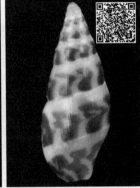

175 丽核螺 *Mitrella albuginosa*   176 双带核螺 *Mitrella bicincta*   177 布尔小笔螺 *Mitrella burchardi*

178 多形核螺 *Euplica varians*   179 甲虫螺 *Cantharus cecillei*   180 褐管蛾螺 *Siphonalia spadicea*

181 管角螺 *Hemifusus tuba*   182 细角螺 *Hemifusus ternatanus*

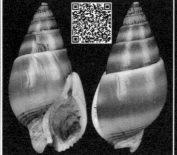

183 群栖织纹螺 *Nassarius gregarius*　　184 红带织纹螺 *Nassarius succinctus*　　185 纵肋织纹螺 *Nassarius variciferus*

186 半褶织纹螺 *Nassarius sinarus*　　187 秀丽织纹螺 *Nassarius festivus*　　188 节织纹螺 *Nassarius hepaticus*

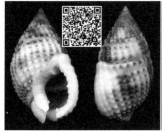

189 珍珠织纹螺
Nassarius margaritifer

190 西格织纹螺
Nassarius siquijorensis

191 方格织纹螺
Nassarius conoidalis

192 伶鼬榧螺 *Oliva mustelina*　　　193 中国笔螺 *Mitra chinensis*　　　194 长纺锤螺
Fusinus colus

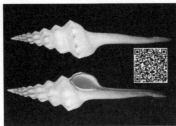

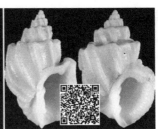

195 塔形纺缍螺
Fusinus forceps

196 金刚螺
Sydaphera spengleriana

197 白带三角口螺
Trigonaphera bocageana

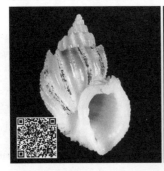

198 衲螺 *Scalptia crenifera*

199 粗莫利加螺 Merica asperella

200 中华莫利加螺 *Merica sinensis*

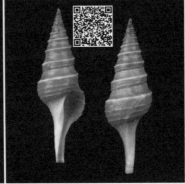

201 细肋蕾螺
Gemmula deshayesii

202 白龙骨乐飞螺
Lophiotoma leucotropis

203 爪哇拟塔螺
Turricula javana

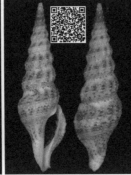

204 假奈拟塔螺
Turricula nelliae spuria

205 黄短口螺
Clathrodrillia flavidula

206 假主棒螺
Crassispira pseudopriciplis

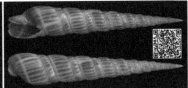

207 环沟笋螺
Pristiterebra bifrons

208 白带笋螺
Duplicaria dussumierii

209 微角齿口螺
Odostomia subangulata

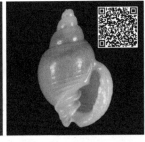
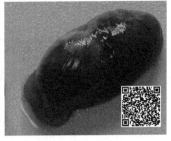

210 三肋马掌螺 *Amathina tricarinata*

211 耳口露齿螺 *Ringicula doliaris*

212 泥螺 *Bullacta exarata*

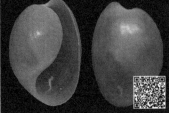

213 杯阿地螺
Cylichnatys angusta

214 空杯丽葡萄螺
Lamprohaminoea cymbalum

215 婆罗囊螺
Retusaboenensis

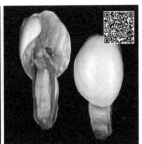

216 圆筒原盒螺 *Eocylichna braunsi*

217 银白壳蛞蝓
Philine argentata

218 日本壳蛞蝓
Philine japonica

219 东方壳蛞蝓
Philine orientalis

220 黑斑海兔
Aplysia kurodai

221 眼斑海兔
Aplysia oculifera

222 网纹海兔 *Aplysia argus*

223 黑边海兔 *Aplysia parvula*

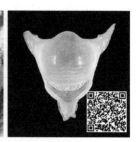

224 长吻龟螺
Diacavolinia longirostris

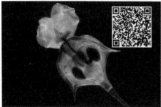

225 厚唇螺 *Diacria trispinosa*

226 四齿厚唇螺 *Diacria quadridentata*

227 尖笔帽螺 *Creseis clava*

228 玻杯螺
Hyalocylis striata

229 蓝无壳侧鳃
Pleurobranchaea maculata

230 多枝卷发海牛
Kaloplocamus ramosus

231 日本石磺海牛
Homoiodoris japonica

232 黄紫舌尾海牛
Goniobranchus aureopurpureus

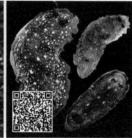

233 黑枝鳃海牛
Dendrodoris nigra

234 芽枝鳃海牛
Dendrodoris krusensternii

235 微点舌片鳃
Armina babai

236 日本片鳃
Armina japonica

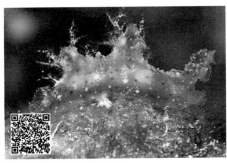

237 背苔鳃 *Notobryon wardi*　　　238 海神鳃 *Glaucus atlanticus*　　　239 中国耳螺 *Ellobium chinense*

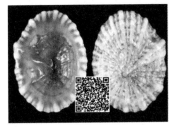
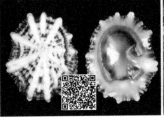

240 日本菊花螺 *Siphonaria japonica*　　241 星形菊花螺 *Siphonaria sirius*　　242 石磺 *Onchidium verruculatum*

243 日本无针乌贼 *Sepiella japonica*　　　　244 金乌贼 *Sepia esculenta*

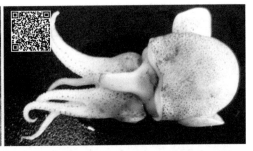

245 拟目乌贼 *Sepia lycidas*　　　　246 双喙耳乌贼 *Sepiola birostrata*

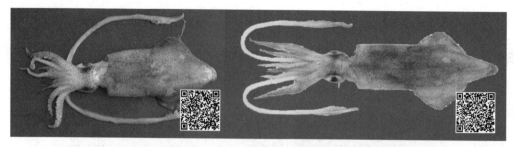

247 日本枪乌贼 *Loligo japonica*

248 剑光枪乌贼 *Uroteuthis edulis*

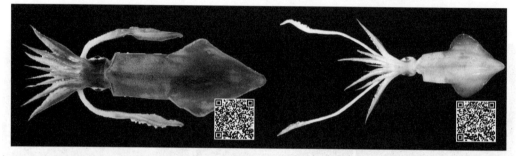

249 长枪乌贼 *Heterololigo bleekerii*

250 苏门答腊枪乌贼 *Loliolus sumatrensis*

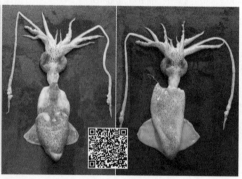

251 中国枪乌贼 *Uroteuthis chinensis*

252 伍氏枪乌贼 *Loliolus uyii*

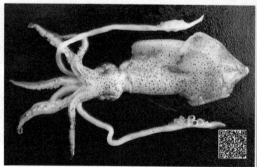

253 火枪乌贼 *Loliolus beka*

254 田乡枪乌贼 *Loligo tagoi*

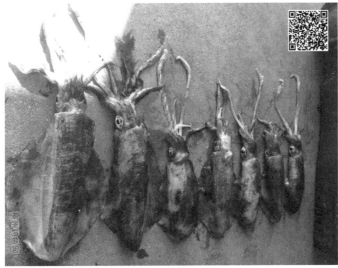
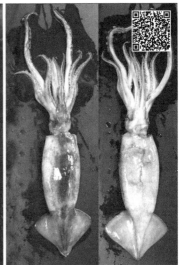

255 莱氏拟乌贼 *Sepioteuthis lessoniana*　　　　256 太平洋褶柔鱼 *Todarodes pacificus*

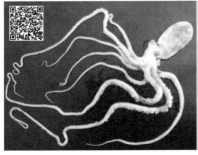

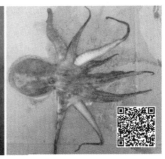

257 长蛸 *Polypus variabilis*　　258 短蛸 *Amphioctopus fangsiao*　　259 真蛸 *Octopus vulgaris*

260 船蛸 *Argonauta argo*　　　　261 锦葵船蛸 *Argonauta hians*

附录Ⅲ 舟山海域节肢动物名录及图集

甲壳动物亚门 **Crustacea**

颚足纲 Maxillopoda

围胸总目 **Thoracica**

茗荷目 **Lepadiformes**

茗荷科 Lepadidae

001 茗荷 *Lepas anatifera anatifera* Linnaeus, 1758

002 鹅茗荷 *Lepas anserifera* Linnaeus, 1767

003 耳条茗荷 *Conchoderma auritum* (Linnaeus, 1767)

004 条茗荷 *Conchoderma vigatum* Spengler, 1789

005 龟茗荷 *Lepas testudinate* Aurivillius, 1892

花茗荷科 Poecilasmatidae

006 蟹板茗荷 *Octolasmis neptuni* (MacDonald, 1869)

007 斧板茗荷 *Octolasmis warwicki* Gray, 1825

铠茗荷目 **Scalpelliformes**

盏茗荷科 Calanticidae

008 棘刀茗荷 *Smilium scorpio* (Aurivillius, 1892)

指茗荷科 Pollicipedidae

009 龟足 *Capitulum mitella*（Linnaeus, 1758）

无柄目 **Sessilia**

藤壶亚目 Balanomorpha

古藤壶科 Archaeobalanidae

010 海胆坚藤壶 *Solidobalanus cidaricola* (Ren et Liu, 1978)

011 高峰条藤壶 *Striatobalanus amaryllis* (Darwin, 1854)

藤壶科 Balanidae

012 纹藤壶 *Amphibalanus amphitrite* (Darwin, 1854)

013 网纹纹藤壶 *Amphibalanus reticulatus* (Utinomi, 1967)

014 杂色纹藤壶 *Amphibalanus variegatus* (Darwin, 1854)

015 三角藤壶 *Balanus trigonus* Darwin, 1854

016 白脊管藤壶 *FistuloBalanus albicostatus* (Pilsbry, 1916)

017 泥管藤壶 *FistuloBalanus kondakovi* (Tarasov & Zevina, 1957)

018 红巨藤壶 *Megabalanus rosa* (Pilsbry, 1916)

019 钟巨藤壶 *Megabalanus tintinnabulum*(Linnaeus, 1758)

020 刺巨藤壶 *Megabalanus volcano* (Pilsbry, 1916)

龟藤壶科 Chelonibiidae

021　龟藤壶 *Chelonibia testudinaria* (Linnaeus, 1758)

小藤壶科 Chthamalidae

022　东方小藤壶 *Chthamalus challengeri* Hoek. 1883

023　楯形华小藤壶 *Chinochthamalus scutelliformis* (Darwin, 1854)

024　白条地藤壶 *Microeuraphia withersi* (Pilsbry, 1916)

笠藤壶科 Tetraclitidae

025　日本笠藤壶 *Tetraclita japonica* Pilsbry, 1916

026　鳞笠藤壶 *Tetraclita squamosa squamosa* (Bruguière, 1989)

软甲纲 Malacostraca

口足目 Stomatopoda

虾蛄科 Squillidae

027　蝎拟绿虾蛄 *Cloridopsis scorpio* (Latreille, 1828)

028　尖刺口虾蛄 *Kempina mikado* (Kemp & Chopra, 1921)

029　脊条褶虾蛄 *Lophosquilla costata* (de Haan, 1844)

030　无刺小口虾蛄 *Oratosquillina inornata* (Tate, 1883)

031　黑斑口虾蛄 *Oratosquilla kempi* (Schmitt, 1931)

032　口虾蛄 *Oratosquilla oratoria* (De Haan, 1844)

仿虾蛄科 Parasquillidae

033　韩氏芳虾蛄 *Faughnia haani* Moosa, 1982

十足目 Decapoda

枝鳃亚目 Dendrobranchiata

对虾总科 Penaeoidea

对虾科 Penaeidae

034　细足异对虾 *Atypopenaeus stenodactylus* (Stimpson,1860)

035　中国明对虾 *Fenneropenaeus chinensis* (Osbeck, 1765)

036　印度明对虾 *Fenneropenaeus indicus* （H.Milne Edwards,1837）

037　长毛明对虾 *Fenneropenaeus penicillatus* （Alcock,1905）

038　凡纳滨对虾 *Litopenaeus vannamei* (Boone,1931)

039　日本囊对虾 *Marsupenaeus japonicus* （Bate,1888）

040　宽沟对虾 *Melicertus latisulcatus* （Kishinouye,1896）

041　须赤虾 *Metapenaeopsis barbata*(De Haan,1844)

042　戴氏赤虾 *Metapenaeopsis dalei*(Rathbun,1902)

043　高脊赤虾 *Metapenaeopsis lamellata*(De Haan,1850)

044　菲赤虾 *Metapenaeopsis Philippii* (Bate,1881)

045　长角赤虾 *Metapenaeopsis provocatoria longirostris* Crosnier,1987

046　近缘新对虾 *Metapenaeus affinis*（H.Milne-Edwards,1837）

047　刀额新对虾 *Metapenaeus ensis*（De Haan,1844）

048　周氏新对虾 *Metapenaeus joyneri*（Miers,1880）

049　独角新对虾 *Metapenaeus monoceros*（Fabricius，J.C.,1798）

050　长眼对虾 *Miyadiella podophthalmus*(Stimpson, 1860)

051　细巧仿对虾 *Parapenaeopsis tenella* (Bate, 1888)

052　哈氏仿对虾 *Parapenaeopsis hardwickii* (Miers, 1878)

053　长缝拟对虾 *Parapenaeus fissurus*（Bate, 1888）

054　假长缝拟对虾 *Parapenaeus fissuroides fissuroides* Crosnier,1986

055　斑节对虾 *Penaeus monodon* Fabricius,1798

056　短沟对虾 *Penaeus semisulcatus* De Haan,1844

057　鹰爪虾 *Trachysalambria curvirostris* (Stimpson,1860)

058　粗糙鹰爪虾 *Trachysalambria aspera*（Alcock,1906）

管鞭虾科 Solenoceridae

059　高脊管鞭虾 *Solenocera alticarinata* Kubo,1949

060　中华管鞭虾 *Solenocera crassicornis* (H.Milne Edwards,1837)

061　凹管鞭虾 *Solenocera koelbeli* de Man,1911

062　大管鞭虾 *Solenocera melantho* de Man,1907

063　栉管鞭虾 *Solenocera pectinata* (Bate,1888)

单肢虾科 Sicyoniidae

064　脊单肢虾 *Sicyonia cristata* (De Haan,1844)

065　日本单肢虾 *Sicyonia japonica* Balss,1914

樱虾总科 Sergestoidea

莹虾科 Luciferidae

066　汉森莹虾 *Lucifer hanseni* Nobili,1905

067　间型莹虾 *Lucifer intermedius* Hansen,1919

068　刷状莹虾 *Lucifer penicillifer* Hansen,1919

069　正型莹虾 *Lucifer typus* H. Milne Edwards,1837

樱虾科 Sergestidae

070　中国毛虾 *Acetes chineensis* Hansen,1919

071　日本毛虾 *Acetes japonicus* Kishinouye,1905

腹胚亚目 **Pleocyemata**

真虾下目 **Caridea**

鼓虾总科 Alpheoidea

鼓虾科 Alpheidae

072　短脊鼓虾 *Alpheus brevicristatus* De Haan,1844

073　鲜明鼓虾 *Alpheus distinguendus* (De Man,1909)

074　刺螯鼓虾 *Alpheus hoplocheles* Coutiere,1897

075　日本鼓虾 *Alpheus japonicus* Miers,1879

076　马拉巴鼓虾指名亚种 *Alpheus malabaricus malabaricus* (Fabricius,1775)

077　粒螯乙鼓虾 *Betaeus granulimanus* Yokoya,1927

藻虾科 Hippolytidae

078　长额拟鞭腕虾 *Exhippolysmata ensirostris* (Kemp,1914)

079　中华安乐虾 *Eualus sinensis* (Yu,1931)

080　长足七腕虾 *Heptacarpus futilirostris* (Bate,1888)

081　屈腹七腕虾 *Heptacarpus geniculatus* (Stimpson,1860）

082　水母深额虾 *Latreutes anoplonyx* Kemp,1914

083　刀形深额虾 *Latreutes laminirostris* Ortmann,1890

084　疣背深额虾 *Latreutes planirostris* (De Haan,1844)

085　红条鞭腕虾 *Lysmata vittata* (Stimpson,1860)

086　刺背船形虾 *Tozeuma armatum* Paulson,1875

087　多齿船形虾 *Tozeuma lanceolatum* Stimpson,1860

长眼虾科 Ogyridae

088　东方长眼虾 *Ogyrides orientalis* (Stimpson,1859)

089　纹尾长眼虾 *Ogyrides striaticauda* Kemp,1915

匙指虾总科 Atyoidea

匙指虾科 Atyidae

090　尼罗米虾细足亚种 *Caridina nilotica gracilipes* De Man,1908

091　锯齿新米虾 *Neocaridina denticulate*（De Haan,1849）

褐虾总科 Crangonoidea

褐虾科 Crangonidae

092　拉氏爱情褐虾 *Aegaeon lacazei*（Gourret,1887）

093　脊腹褐虾 *Crangon affinis* De Haan,1849

094　圆腹褐虾 *Crangon cassiope* De Man,1906

095　褐虾 *Crangon crangon*（linnaeus,1758）（具争议）

096　日本褐虾 *Crangon hakodatei* Rathbun,1902

097　黄海褐虾 *Crangon uritai* Hayashi and kim,1999

098　双刺南褐虾 *Philocheras bidentatus* (De Haan,1844)

099　缺额南褐虾 *Philocheras incisus* (Kemp,1916)

100　泥污疣褐虾 *Pontocaris pennata* Bate,1888

廉虾科 Glyphocrangonidae

101　戟尾镰虾 *Glyphocrangon hastacanda* Bate,1888

长臂虾总科 Palaemonoidea

长臂虾科 Palaemonidae

隐虾亚科 Pontoniinae

102　日本江瑶虾 *Conchodytes nipponensis*(De Haan,1844)

长臂虾亚科 Palaemoninae

103　安氏白虾 *Exopalaemon annandalei*(Kemp,1917)

104　脊尾白虾 *Exopalaemon carinicauda* (Holthuis,1950)

105　秀丽白虾 *Exopalaemon modestus*(Heller,1862)

106　东方白虾 *Exopalaemon orientis*(Holthuis,1950)

107　日本沼虾 *Macrobrachium nipponense*(de Haan,1849)

108　长角长臂虾 *Palaemon debilis* Dana,1852

109　葛氏长臂虾 *Palaemon gravieri* (Yu,1930)

110　广东长臂虾 *Palaemon guangdongensis* Liu,Liang et Yan,1990

111　巨指长臂虾 *Palaemon macrodactylus* M.J.Rathbun,1902

112　敖氏长臂虾 *Palaemon ortmanni* Rathbun,1902

113　太平长臂虾 *Palaemon pacificus* (Stimpson,1860)

114　锯齿长臂虾 *Palaemon serrifer* (Stimpson,1860)

115　白背长臂虾 *Palaemon sewelli* (Kemp,1925)

116　细指长臂虾 *Palaemon tenuidactylus* Li,Liang et Yan，1990

长额虾总科　Pandaloidea

长额虾科 Pandalidae

117　纤细绿点虾 *Chlorotocella gracilis* Balss,1914

118　异齿红虾 *Plesionika spinipes* Spence Bate, 1888（具争议种类）

119　双斑红虾 *Plesionika binoculus*（bate,1888）

120　齿额红虾 *Plesionika crosnieri* Chan & Yu, 1991

121　东海红虾 *Plesionika izumiae* Omori,1971

122　长足红虾 *Plesionika martia*（A.Milne-Edwards）

123　滑脊等腕虾 *Procletes levicarina* (Bate,1888)

玻璃虾总科 Pasiphaeoidea

玻璃虾科 pasiphaeidae

124　叶额真玻璃虾 *Eupasiphae latirostris* (Wood-Mason et Alock,1891)

125　细螯虾 *Leptochela gracilis* Stimpson,1860

126　沟额拟玻璃虾 *Parapasiphae sulcatifrons* Smith,1884

异指虾总科 Processoidea

异指虾科 Processidae

127　日本异指虾 *Processa japonica* (de Haan,1844)

猬虾下目 **Stenopodidea**

    俪虾科 Spongicolidae

        128   俪虾 *Spongicola venusta* de Haan,1844

螯虾下目 **Astacidea**

    海螯虾总科 Nephropoidea

    海螯虾科 Family Nephropidae

        129   红斑后海螯虾 *Metanephrops thompsoni* (Bate,1888)

海蛄虾下目 **Thalassinidea**

    美人虾总科 Callianassoidea

    美人虾科 Callianassidae

        130   日本和美虾 *Nihonotrypaea japonica* (Ortmann, 1891)

    蝼蛄虾科 Upogebiidae

        131   伍氏蝼蛄虾 *Upogebia wuhsienweni* Yu, 1931

龙虾下目 **Palinura**

    龙虾总科 Superfamily Palinuroidea

    龙虾科 Palinuridae

        132   三角脊龙虾 *Linuparus trigonus* (Von Siebold,1824)

        133   波纹龙虾 *Panulirus homarus* (Linnaeus, 1758)

        134   锦绣龙虾 *Panulirus ornatus* (Fabricitus,1798)

        135   中国龙虾 *Panulirus stimpsoni* Holthuis,1963

    蝉虾科 Scyllaridae

        136   马氏艾蝉虾 *Eduarctus martensii*（Pfeffer,1881）

        137   毛缘扇虾 *Ibacus ciliatus* (Von Siebold,1824)

        138   九齿扇虾 *Ibacus novemdentatus* Gibbes,1850

        139   东方扁虾 *Thenus orientalis* (Lund,1793)

        140   短角蝉虾 *Petrarctus brevicornis* (Holthuis, 1946)

异尾下目 **Anomura**

    铠甲虾总科 Galatheidea

    瓷蟹科 Porcellanidae

        141   日本岩瓷蟹 *Petrolisthes japonicus* (de Haan, 1849)

        142   斑纹小瓷蟹 *Porcellanella picta* Stimpson, 1858

        143   美丽瓷蟹 *Porcellana pulchra* Stimpson, 1858

        144   绒毛细足蟹 *Raphidopus ciliatus* Stimpson, 1858

    寄居蟹总科 Paguroidea

    陆寄居蟹科 Coenobitidae

        145   灰白陆寄居蟹 *Coenobita rugosus* H. Milne Edwards, 1837

活额寄居蟹科 Diogenidae

    146 鳞纹真寄居蟹 *Dardanus arrosor* (Herbst, 1796)

    147 长螯活额寄居蟹 *Diogenes avarus* Heller, 1865

    148 弯螯活额寄居蟹 *Diogenes deflectomanus* Wang & Tung, 1980

    149 拟脊活额寄居蟹 *Diogenes paracristimanus* Wang & Dong, 1977

    150 直螯活额寄居蟹 *Diogenes rectimanus* Miers, 1884

    151 绒螯活额寄居蟹 *Diogenes tomentosus* Wang & Tung, 1980

    152 弱小长眼寄居蟹 *Paguristes pusillus* Henderson, 1896

    153 中华长眼寄居蟹 *Paguristes sinensis* Tung & Wang, 1966

    154 浙小长眼寄居蟹 *Paguristes pusillus zhejiangensis* Wang & Tung, 1982

寄居蟹科 Paguridae

    155 三崎低寄居蟹 *Catapagurus misakiensis* Terao, 1914

    156 长腕寄居蟹 *Pagurus geminus* McLaughlin, 1976

    157 小型寄居蟹 *Pagurus minutus* Hess, 1865

    158 海绵寄居蟹 *Pagurus pectinatus* (Stimpson, 1858)

    159 方腕寄居蟹 *Pagurus ochotensis* Brandt, 1851

    160 刺旋寄居蟹 *Spiropagurus spiriger* (De Haan, 1849)

拟寄居蟹科 Parapaguridae

    161 单弓肿寄居蟹 *Oncopagurus monstrosus* (Alcock, 1894)

短尾下目 **Brachyura**

绵蟹派 **Dromiacea**

绵蟹总科 Dromiidea

绵蟹科 Dromiidae

    162 干练平壳蟹 *Conchoecetes artificiosus* (Fabricius, 1798)

    163 德汉劳绵蟹 *Lauridromia dehaani* (Rathbun, 1923)

    164 颗粒板蟹 *Petalomera granulata* Stimpson, 1858

古短尾派 **Archaeobrachyura**

蛙蟹总科 Raninoidea

蛙蟹科 Raninidae

    165 窄琵琶蟹 *Lyreidus stenops* Wood-Manson, 1887

    166 三齿琵琶蟹 *Lyreidus tridentatus* de Haan, 1841

    167 蛙蟹 *Ranina ranina* (Linnaeus, 1758)

真短尾派 **Eubrachyura**

异孔亚派 Subsection

奇净蟹总科 Aethroidea

奇净蟹科 Aethroidae

168　桑椹蟹 *Drachiella morum* (Alcock,1896)

馒头蟹总科 Calappoidea

　　馒头蟹科 Calappidae

169　卷折馒头蟹 *Calappa lophos* (Herbst, 1782)

170　逍遥馒头蟹 *Calappa philargius* (Linnaeus, 1758)

171　武装筐形蟹 *Mursia armata* de Haan, 1837

172　短刺筐形蟹 *Mursia curtispina* Miers

　　黎明蟹科 Matutidae

173　红线黎明蟹 *Matuta planipes* Fabricius,1798

174　胜利黎明蟹 *Matuta victor* (Fabricius, 1781)

盔蟹总科 Corystoidea

　　盔蟹科 Corystidae

175　显著琼娜蟹 *Jonas distinctus*(De Haan)

关公蟹总科 Dorippoidae

　　关公蟹科 Dorippidae

176　日本拟平家蟹 *Heikeopsis japonica* (von Siebold, 1824)

177　颗粒拟关公蟹 *Paradorippe granulata* (De Haan, 1841)

178　印度四额齿蟹 *Ethusa indica* Alcock, 1894

179　六齿四额齿蟹 *Ethusa sexdentata* (Stimpson, 1858)

酋蟹总科 Eriphioidea

　　哲扇蟹科 Menippidae

180　光辉圆扇蟹 *Sphaerozius nitidus* Stimpson, 1858

长脚蟹总科 Goneplacoidea

　　宽背蟹科 Euryplacidae

181　阿氏强蟹 *Eucrate alcocki* Serene, 1971

182　隆脊强蟹 *Eucrate costata* Yang et Sun, 1979

183　隆线强蟹 *Eucrate crenata* (De Haan, 1835)

　　长脚蟹科 Goneplacidae

184　长手隆背蟹 *Carcinoplax longimana* (De Haan, 1833)

185　紫隆背蟹 *Carcinoplax purpurea* Rathbun, 1914

186　泥脚隆背蟹 *Carcinoplax vestita*（De Haan，1835）

玉蟹总科 Leucosiidae

　　精干蟹科 Iphiculidae

187　海绵精干蟹 *Iphiculus spongiosus* Adams et Whlte, 1849

　　玉蟹科 Leucosiidae

188　球形栗壳蟹 *Arcania globata* Stimpson, 1858

189 七刺栗壳蟹 *Arcania heptacantha* (de Haan, 1861)

190 十一刺栗壳蟹 *Arcania undecimspinosa* de Haan, 1841

191 粗糙坚壳蟹 *Ebalia scabriuscula* Ortmann, 1892

192 遁行长臂蟹 *Myra fugax* (Fabricius, 1798)

193 似颗粒长臂蟹 *Myra subgranulata* Kossmann, 1877（联合长臂蟹 M.coalita）

194 小五角蟹 *Nursia minor* (Miers, 1879)

195 隆线拳蟹 *Philyra carinata* Bell,1855

196 杂粒拳蟹 *Philyra heterograna* Ortmann, 1892

197 橄榄拳蟹 *Philyra olivacea* Rathbun, 1909

198 豆形拳蟹 *Philyra pisum* de Haan,1841

199 舟山拳蟹 *Philyra zhoushonensis* Chen & Sun, 2002

200 钝额岐玉蟹 *Euclosia obtusifrons* (De Haan, 1841)

201 斜方化玉蟹 *Seulocia rhomboidalis* (De Haan, 1841)

202 红点坛形蟹 *Urnalana haematosticta* (Adams & White, 1849)

蜘蛛蟹总科 Majoidea

卧蜘蛛蟹科 Epialtidae

203 缺刻矾蟹 *Pugettia incisa* (De Haan, 1839)

204 四齿矾蟹 *Pugettia quadridens* (de Haan, 1839)

膜壳蟹科 Hymenosomatidae

205 篦额滨蟹（篦额尖额蟹）*Halicarcinus messor* (Stimpson, 1858)

尖头蟹科 Inachidae

206 有疣英雄蟹 *Achaeus tuberculatus* Miers, 1879

207 巨螯蟹 *Macrocheira kaempferi* (Temminck, 1836)

虎头蟹总科 Orithyoidea

虎头蟹科 Orithyiidae

208 中华虎头蟹 *Orithyia sinica* (Linnaeus, 1771)

菱蟹总科 Parthenopoidea

菱蟹科 Parthenopidae

209 环状隐足蟹 *Cryptopodia fornicata* (Fabricius, 1787)

210 强壮武装紧握蟹 *Enoplolambrus validus* (De Haan, 1837)

毛刺蟹总科 Pilumnoidea

静蟹科 Galenidae

211 贪精武蟹 *Parapanope euagora* De Man, 1895

毛刺蟹科 Pilumnidae

212 马氏毛粒蟹 *Pilumnopeus makianus* (Rathbun, 1931)

213 裸盲蟹 *Typhlocarcinus nudus* Stimpson, 1858

梭子蟹总科 Portinoidea

梭子蟹科 Portunidae

214 细点圆趾蟹 *Ovalipes punctatus* (De Haan, 1833)

215 银光梭子蟹 *Portunus argentatus* (A. Milne-Edwards, 1861)

216 纤手梭子蟹 *Portunus gracilimanus* (Stimpson, 1858)

217 拥剑梭子蟹 *Portunus haanii* (Stimpson, 1858)

218 矛形梭子蟹 *Portunus hastatoides* Fabricius, 1798

219 远海梭子蟹 *Portunus pelagicus* (Linnaeus, 1758)

220 红星梭子蟹 *Portunus sanguinolentus* (Herbst, 1783)

221 三疣梭子蟹 *Portunus trituberculatus* (Miers, 1876)

222 拟深穴青蟹 *Scylla paramamosain* Estampador, 1949

223 锐齿蟳 *Charybdis* (*Charybdis*) *acuta* (A. Milne-Edwards, 1869)

224 美人蟳 *Charybdis* (*Charybdis*) *callianassa* (Herbst, 1789)

225 锈斑蟳 *Charybdis* (*Charybdis*) *feriata* (Linnaeus, 1758)

226 日本蟳 *Charybdis* (*Charybdis*) *japonica* (A. Milne-Edwards, 1861)

227 武士蟳 *Charybdis* (*Charybdis*) *miles* (De Haan, 1835)

228 东方蟳 *Charybdis* (*Charybdis*) *orientalis* Dana, 1852

229 光掌蟳 *Charybdis* (*Charybdis*) *riversandersoni* Alcock, 1899

230 变态蟳 *Charybdis* (*Charybdis*) *variegata* (Fabricius, 1798)

231 直额蟳 *Charybdis* (*Goniohellenus*) *truncata* (Fabricius, 1798)

232 双斑蟳 *Charybdis* (*Gonioneptunus*) *bimaculata* (Miers, 1886)

扇蟹总科 Xanthoidea

扇蟹科 Xanthidae

233 菜花银杏蟹 *Actaea savignyi* (H.Milne-Edwards, 1834)

234 细纹爱洁蟹 *Atergatis reticulatus* (De Haan, 1835)

235 粗糙鳞斑蟹 *Demania scaberrima* (Walker, 1887)

236 东方盖氏蟹 *Gaillardiellus orientalis* (Odhner, 1925)

237 红斑斗蟹 *Liagore rubromaculata* (De Haan, 1835)

238 特异大权蟹 *Macromedaeus distinguendus* (De Haan, 1835)

239 凹足蟹 *Psaumis cavipes* (Dana, 1852)

胸孔亚派 Subsection

方蟹总科 Grapsoidea

方蟹科 Grapsidae

240 四齿大额蟹 *Metopograpsus quadridentatus* Stimpson, 1858

241 粗腿厚纹蟹 *Pachygrapsus crassipes* Randall, 1840

相手蟹科 Sesarmidae

242　红螯相手蟹 *Chiromantes haematocheir* (De Haan, 1835)

243　墨吉泥毛蟹 *Clistocoeloma merguiense* De Man, 1888

244　中华泥毛蟹 *Clistocoeloma sinense* Shen, 1933

245　小相手蟹 *Nanosesarma minutum* (De Man, 1887)

246　斑点拟相手蟹 *Parasesarma pictum* (De Haan, 1835)

弓蟹科 Varunidae

247　隆背张口蟹 *Chasmagnathus convexus* (De Haan, 1835)

248　中华绒螯蟹 *Eriocheir Sinensis* H.Milne-Edwards, 1853

249　平背蜞 *Gaetice depressus* (De Haan, 1833)

250　长足长方蟹 *Metaplax longipes* Stimpson, 1858

251　沈氏长方蟹 *Metaplax sheni* Gordon, 1931

252　伍氏拟厚蟹 *Helicana wuana* (Rathbun, 1931)

253　侧足厚蟹（秉氏厚蟹）*Helice latimera* Parisi, 1918

254　天津厚蟹 *Helice tientsinensis* Rathbun, 1931

255　似方假厚蟹 *Pseudohelice subquadrata* (Dana, 1851)

256　狭颚新绒螯蟹 *Neoeriocheir leptognathus* (Rathbun, 1913)

257　绒螯近方蟹 *Hemigrapsus penicillatus* (De Haan, 1835)

258　肉球近方蟹 *Hemigrapsus sanguineus* (De Haan, 1835)

259　中华近方蟹 *Hemigrapsus sinensis* Rathbun, 1931

260　字纹弓蟹 *Varuna litterata*(Fabricius, 1798)

沙蟹总科 Ocypodoidea

猴面蟹科 Camptandriidae

261　六齿猴面蟹 *Camptandrium sexdentatum* Stimpson, 1858

262　宽身闭口蟹 *Cleistostoma dilatatum* (De Haan, 1833)

毛带蟹科 Dotillidae

263　台湾泥蟹 *Ilyoplax formosensis* Rathbun, 1921

264　宁波泥蟹 *Ilyoplax ningpoensis* Shen, 1940

265　锯眼泥蟹 *Ilyoplax serrata* Shen, 1931

266　淡水泥蟹 *Ilyoplax tansuiensis* Sakai, 1939

267　双扇股窗蟹 *Scopimera bitympana* Shen, 1930

大眼蟹科 Macrophthalmidae

268　日本大眼蟹 *Macrophthalmus (Mareotis) japonicus* (De Haan, 1835)

269　中型三强蟹 *Tritodynamia intermedia* (Shen, 1935)

270　兰氏三强蟹 *Tritodynamia rathbunae* Shen, 1932

沙蟹科 Ocypodidae

271　痕掌沙蟹 *Ocypode stimpsoni* Ortman, 1897

272　弧边招潮 *Uca (Tubuca) arcuata* (De Haan, 1835)

273　清白招潮 *Uca (Paraleptuca) lactea* (De Haan, 1835)

274　纠结招潮 *Uca (Paraleptuca) perplexa* (H. Milne Edwards, 1837)

短眼蟹科 Xenophthalmidae

275　豆形短眼蟹 *Xenophthalmus pinnotheroides* White, 1846

豆蟹总科 Pinnotheridae

豆蟹科 Pinnotheridae

276　中华蚶豆蟹 *Arcotheres sinensis* (Shen, 1932)

277　大拟豆蟹 *Pinnaxodes major* Ortmann, 1894

端足目 **Amphipoda**

钩虾亚目 Gammaridea

异钩虾科 Anisogammaridae

278　异钩虾 *Anisogammarus* sp.

279　藻钩虾 *Ampithoe* sp.

280　细足钩虾 *Stenothoe* sp.

等足目 **Isopoda**

浪飘水虱亚目

浪飘水虱科

281　日本游泳水虱 *Natatolana japonensis* (Richardson, 1904)

纺锤水虱科

282　前足罗氏水虱 *Rocinela propodialis* Richardson, 1905

虫蛀木水虱科

283　木质蛀木水虱 *Limnoria lignorum* (Rathke, 1799)

盖鳃水虱亚目

盖鳃水虱科

284　凹腹盖鳃水虱 *Idotea ochotensis* Brandt, 1851

285　窄盖鳃水虱 *Pentidotea stenops* (Benedict, 1898)

286　光背节鞭水虱 *Synidotea laevidorsalis* (Miers, 1881)

潮虫亚目

海蟑螂科

287　海蟑螂 *Ligia exotica* Roux, 1828

寄生水虱亚目

鳃虱科

288　美丽玉蟹鳃虱 *Apocepen pulcher* Nierstrasz & Brender à Brandis, 1930

289 日本鳃虱 *Athelges takunoshinensis* Ishii, 1914

螯肢亚门 **Cheliceriformes**

肢口纲 **Merostomata**

剑尾目 **Xiphosura**

鲎科 Tachypleidae

290 中国鲎 *Tachypleus tridentatus*（Leach,1814）

海蜘蛛纲 **Pycnogonida**

海蜘蛛科

291 希氏砂海蜘蛛 *Ammothea hilgendorfi* (Bohm,1814)

001 茗荷
Lepas anatifera anatifera

002 鹅茗荷
Lepas anserifera

003 耳条茗荷
Conchoderma auritum

004 条茗荷
Conchoderma vigatum

005 龟茗荷
Lepas testudinata

006 蟹板茗荷
Octolasmis neptuni

007 斧板茗荷
Octolasmis warwicki

008 棘刀茗荷 *Smilium scorpio*

009 龟足 *Capitulum mitella*

010 海胆坚藤壶 *Solidobalanus cidaricola*

011 高峰条藤壶
Striatobalanus amaryllis

012 纹藤壶
Amphibalanus Amphitrite

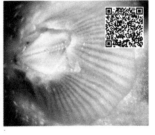

013 网纹纹藤壶
Amphibalanus reticulatus

014 杂色纹藤壶
Amphibalanus variegatus

015 三角藤壶
Balanus trigonus

016 白脊管藤壶
FistuloBalanus albicostatus

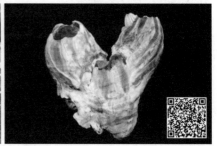

017 泥管藤壶
FistuloBalanus kondakovi

018 红巨藤壶
Megabalanus rosa

019 钟巨藤壶
Megabalanus tintinnabulum

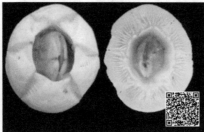

020 刺巨藤壶
Megabalanus volcano

021 龟藤壶
Chelonibia testudinaria

022 东方小藤壶
Chthamalus challengeri

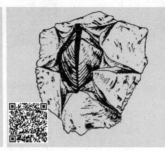

023 楯形华小藤壶
Chinochthamalus scutelliformis

024 白条地藤壶
Microeuraphia withersi

025 日本笠藤壶
Tetraclita japonica

026 鳞笠藤壶 *Tetraclita squamosa squamosa*　　　　027 蝎拟绿虾蛄 *Cloridopsis scorpio*

028 尖刺口虾蛄 *Kempina Mikado*　　　　029 脊条褐虾蛄 *Lophosquilla costata*

030 无刺小口虾蛄 *Oratosquillina inornata*　　　　031 黑斑口虾蛄 *Oratosquilla kempi*

032 口虾蛄 *Oratosquilla oratoria*　　　　033 韩氏芳虾蛄 *Faughnia haani*

034 细足异对虾 *Atypopenaeus stenodactylus*　　　　035 中国明对虾 *Fenneropenaeus chinensis*

036 印度明对虾 *Fenneropenaeus indicus*

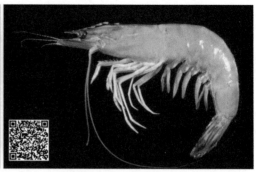

037 长毛明对虾 *Fenneropenaeus penicillatus*

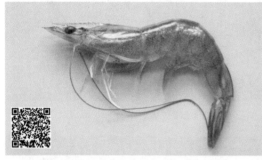

038 凡纳滨对虾 *Litopenaeus vannamei*

039 日本囊对虾 *Marsupenaeus japonicus*

040 宽沟对虾 *Melicertus latisulcatus*

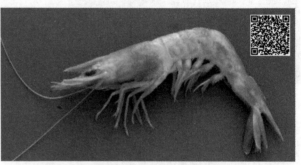

041 须赤虾 *Metapenaeopsis barbata*

042 戴氏赤虾 *Metapenaeopsis dalei*

043 高脊赤虾 *Metapenaeopsis lamellata*

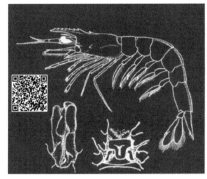

044 菲赤虾 *Metapenaeopsis Philippii*

045 长角赤虾 *Metapenaeopsis provocatoria longirostris*

046 近缘新对虾 *Metapenaeus affinis*

047 刀额新对虾 *Metapenaeus ensis*

048 周氏新对虾 *Metapenaeus joyneri*

049 独角新对虾 *Metapenaeus monoceros*

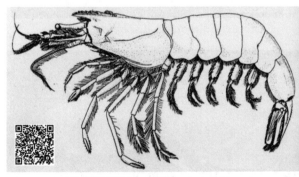

050 长眼对虾 *Miyadiella podophthalmus*

051 细巧仿对虾 *Parapenaeopsis tenella*

052 哈氏仿对虾 *Parapenaeopsis hardwickii*

053 长缝拟对虾 *Parapenaeus fissurus*

054 假长缝拟对虾 *Parapenaeus fissuroides fissuroides*

055 斑节对虾 *Penaeus monodon*

056 短沟对虾 *Penaeus semisulcatus*

057 鹰爪虾 *Trachysalambria curvirostris*

059 高脊管鞭虾 *Solenocera alticarinata*

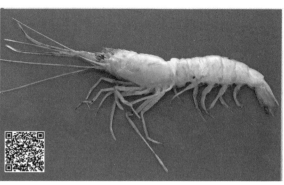

060 中华管鞭虾 *Solenocera crassicornis*

061 凹管鞭虾 *Solenocera koelbeli*

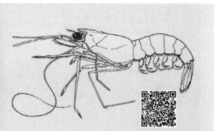

062 大管鞭虾 *Solenocera melantho*

063 栉管鞭虾 *Solenocera pectinata*

064 脊单肢虾 *Sicyonia cristata*

065 日本单肢虾 *Sicyonia japonica*

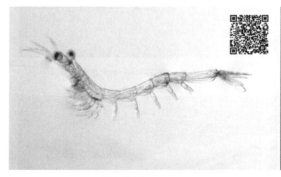

066 汉森莹虾 *Lucifer hanseni*

067 间型莹虾 *Lucifer intermedius*

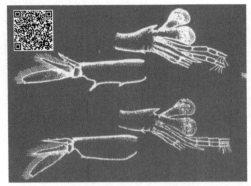

068 刷状莹虾 *Lucifer penicillifer*

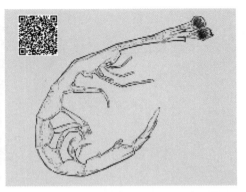

069 正型莹虾 *Lucifer typus*

070 中国毛虾 *Acetes chineensis*

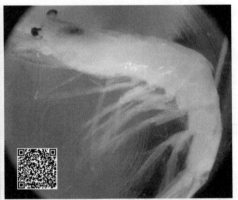

071 日本毛虾 *Acetes japonicus*

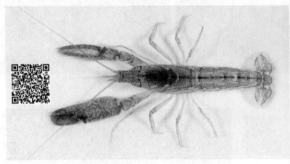

072 短脊鼓虾 *Alpheus brevicristatus*

073 鲜明鼓虾 *Alpheus distinguendus*

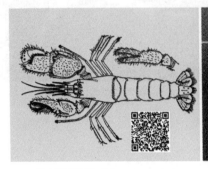

074 刺螯鼓虾 *Alpheus hoplocheles*

075 日本鼓虾 *Alpheus japonicus*

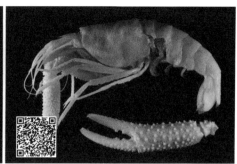

076 马拉巴鼓虾指名亚种 *Alpheus malabaricus malabaricus*   077 粒螯乙鼓虾 *Betaeus granulimanus*

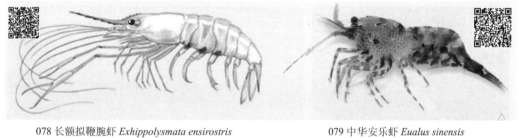

078 长额拟鞭腕虾 *Exhippolysmata ensirostris*   079 中华安乐虾 *Eualus sinensis*

080 长足七腕虾 *Heptacarpus futilirostris*   081 屈腹七腕虾 *Heptacarpus geniculatus*

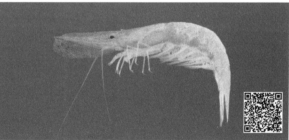

082 水母深额虾 *Latreutes anoplonyx*   083 刀形深额虾 *Latreutes laminirostris*

084 疣背深额虾 *Latreutes planirostris*

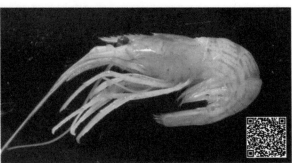

085 红条鞭腕虾 *Lysmata vittata*

086 刺背船形虾 *Tozeuma armatum*

087 多齿船形虾 *Tozeuma lanceolatum*

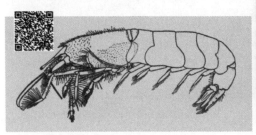

088 东方长眼虾 *Ogyrides orientalis*

089 纹尾长眼虾 *Ogyrides striaticauda*

090 尼罗米虾细足亚种 *Caridina nilotica gracilipes*

091 锯齿新米虾 *Neocaridina denticulate*

092 拉氏爱情褐虾 *Aegaeon lacazei*

093 脊腹褐虾 *Crangon affinis*

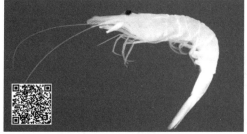

094 圆腹褐虾 *Crangon cassiope*

095 褐虾 *Crangon crangon*（具争议种类）

096 日本褐虾 *Crangon hakodatei*

097 黄海褐虾 *Crangon uritai*

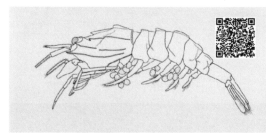

098 双刺南褐虾 *Philocheras bidentatus*

099 缺额南褐虾 *Philocheras incisus*

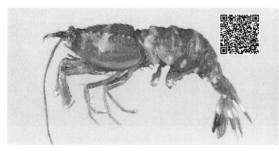

100 泥污疣褐虾 *Pontocaris pennata*

101 戟尾镰虾 *Glyphocrangon hastacanda*

102 日本江瑶虾 *Conchodytes nipponensis*

103 安氏白虾 *Exopalaemon annandalei*

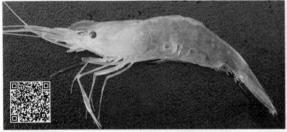
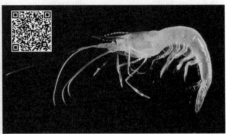

104 脊尾白虾 *Exopalaemon carinicauda*

105 秀丽白虾 *Exopalaemon modestus*

106 东方白虾 *Exopalaemon orientis*

107 日本沼虾 *Macrobrachium nipponense*

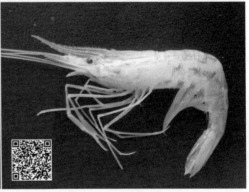

108 长角长臂虾 *Palaemon debilis*

109 葛氏长臂虾 *Palaemon gravieri*

110 广东长臂虾 *Palaemon guangdongensis*

111 巨指长臂虾 *Palaemon macrodactylus*

112 敖氏长臂虾 *Palaemon ortmanni*

113 太平长臂虾 *Palaemon pacificus*

114 锯齿长臂虾 *Palaemon serrifer*

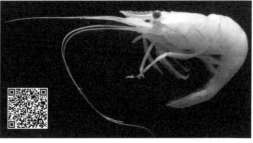

115 白背长臂虾 *Palaemon sewelli*

116 细指长臂虾 *Palaemon tenuidactylus*

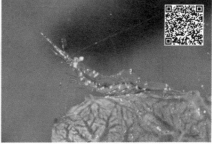

117 纤细绿点虾 *Chlorotocella gracilis*

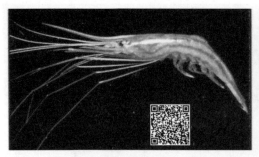

118 异齿红虾 *Parapandalus spinipes*

119 双斑红虾 *Plesionika binoculus*

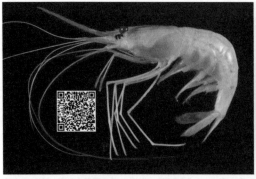

120 齿额红虾 *Plesionika crosnieri*

121 东海红虾 *Plesionika izumiae*

122 长足红虾 *Plesionika martia*

123 滑脊等腕虾 *Procletes levicarina*

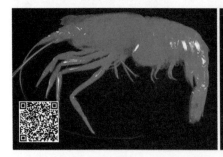

124 叶额真玻璃虾 *Eupasiphae latirostris*

125 细螯虾 *Leptochela gracilis*

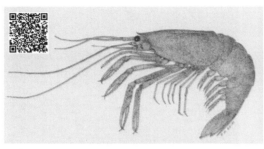

126 沟额拟玻璃虾 *Parapasiphae sulcatifrons*

127 日本异指虾 *Processa japonica*

128 俪虾 *Spongicola venusta*

129 红斑后海螯虾 *Metanephrops thompsoni*

130 日本和美虾 *Nihonotrypaea japonica*

131 伍氏蝼蛄虾 *Upogebia wuhsienweni*

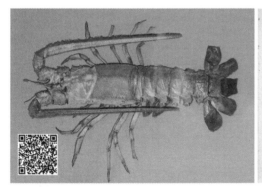

132 三角脊龙虾 *Linuparus trigonus*

133 波纹龙虾 *Panulirus homarus*

134 锦绣龙虾 *Panulirus ornatus*

135 中国龙虾 *Panulirus stimpsoni*

136 马氏艾蝉虾 *Eduarctus martensii*

137 毛缘扇虾 *Ibacus ciliatus*

138 九齿扇虾 *Ibacus novemdentatus*

139 东方扁虾 *Thenus orientalis*

140 短角蝉虾 *Scyllarus brevicornis*

141 日本岩瓷蟹 *Petrolisthes japonicus*

142 斑纹小瓷蟹 *Porcellanella picta*

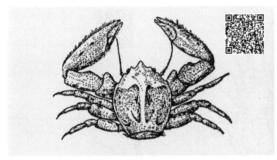

143 美丽瓷蟹 *Porcellana pulchra*

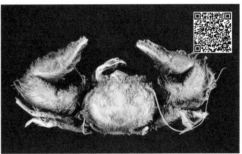

144 绒毛细足蟹 *Raphidopus ciliatus*

145 灰白陆寄居蟹 *Coenobita rugosus*

146 鳞纹真寄居蟹 *Dardanus arrosor*

147 长螯活额寄居蟹 *Diogenes avarus*

148 弯螯活额寄居蟹 *Diogenes deflectomanus*

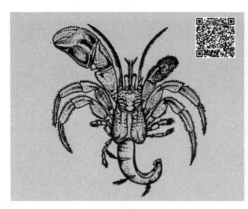

149 拟脊活额寄居蟹 *Diogenes paracristimanus*

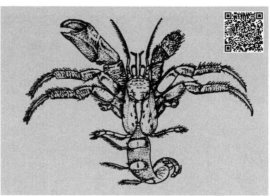

150 直螯活额寄居蟹 *Diogenes rectimanus*

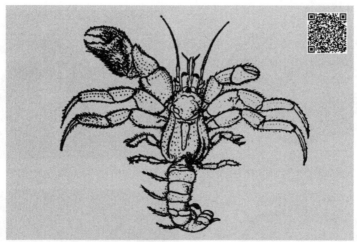

151 绒螯活额寄居蟹 *Diogenes tomentosus*

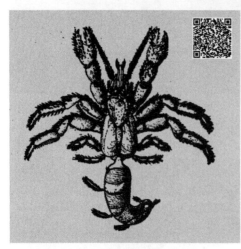

153 中华长眼寄居蟹 *Paguristes sinensis*

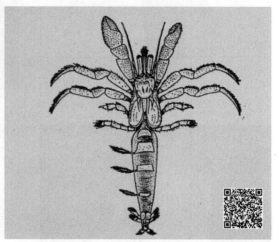

154 浙小长眼寄居蟹 *Paguristes pusillus zhejiangensis*

注：个别种类仅见文献记载，未能收集到相关图片。为便于读者与名录对照学习，图集序号仍保持与名录序号一致，后文不再注明。

155 三崎低寄居蟹 *Catapagurus misakiensis*

156 长腕寄居蟹 *Pagurus geminus*

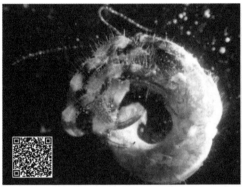

157 小型寄居蟹 *Pagurus minutus*

158 海绵寄居蟹 *Pagurus pectinatus*

159 方腕寄居蟹 *Pagurus ochotensis*

160 刺旋寄居蟹 *Spiropagurus spiriger*

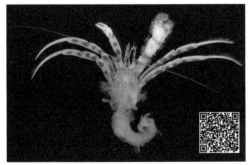

161 单弓肿寄居蟹 *Oncopagurus monstrosus*

162 干练平壳蟹 *Conchoecetes artificiosus*

163 德汉劳绵蟹 *Lauridromia dehaani*

164 颗粒板蟹 *Petalomera granulata*

165 窄琵琶蟹 *Lyreidus stenops*

166 三齿琵琶蟹 *Lyreidus tridentatus*

167 蛙蟹 *Ranina ranina*

168 桑椹蟹 *Drachiella morum*

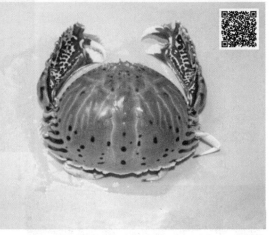

169 卷折馒头蟹 *Calappa lophos*

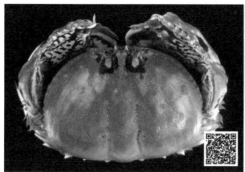

170 逍遥馒头蟹 *Calappa philargius*　　　　　　　171 武装筐形蟹 *Mursia armata*

172 短刺筐形蟹 *Mursia curtispina*　　　　　　　173 红线黎明蟹 *Matuta planipes*

174 胜利黎明蟹 *Matuta victor*　　　　　　　175 显著琼娜蟹 *Jonas distinctus*

176 日本拟平家蟹 *Heikeopsis japonica*　　177 颗粒拟关公蟹 *Paradorippe granulata*

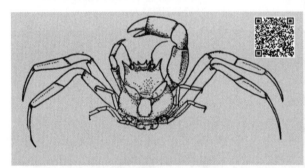

178 印度四额齿蟹 *Ethusa indica*　　179 六齿四额齿蟹 *Ethusa sexdentata*

180 光辉圆扇蟹 *Sphaerozius nitidus*　　181 阿氏强蟹 *Eucrate alcocki*

182 隆脊强蟹 *Eucrate costata*　　183 隆线强蟹 *Eucrate crenata*

184 长手隆背蟹 *Carcinoplax longimana*（左雌右雄）

185 紫隆背蟹 *Carcinoplax purpurea*

186 泥脚隆背蟹 *Carcinoplax vestita*

187 海绵精干蟹 *Iphiculus spongiosus*

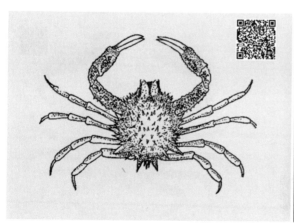

188 球形栗壳蟹 *Arcania globata*

189 七刺栗壳蟹 *Arcania heptacantha*

190 十一刺栗壳蟹 *Arcania undecimspinosa*

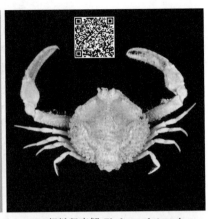

191 粗糙坚壳蟹 *Ebalia scabriuscula*

192 遁行长臂蟹 *Myra fugax*

193 似颗粒长臂蟹（联合长臂蟹）*Myra subgranulata*

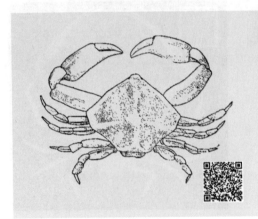

194 小五角蟹 *Nursia minor*

195 隆线拳蟹 *Philyra carinata*

196 杂粒拳蟹 *Philyra heterograna*　　　　197 橄榄拳蟹 *Philyra olivacea*

198 豆形拳蟹 *Philyra pisum*

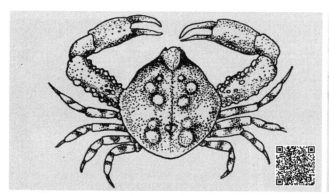

200 钝额岐玉蟹 *Euclosia obtusifrons*　　　　201 斜方化玉蟹 *Seulocia rhomboidalis*

202 红点坛形蟹 *Urnalana haematosticta*　　　　203 缺刻矶蟹 *Pugettia incisa*

204 四齿矶蟹 *Pugettia quadridens*

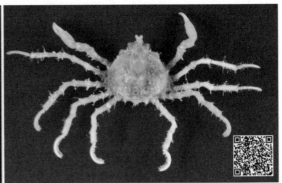

205 篦额滨蟹（篦额尖额蟹）*Halicarcinus messor*

206 有疣英雄蟹 *Achaeus tuberculatus*

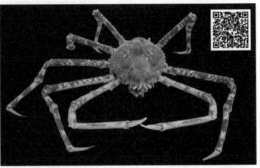

207 巨螯蟹 *Macrocheira kaempferi*

208 中华虎头蟹 *Orithyia sinica*

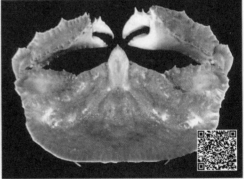

209 环状隐足蟹 *Cryptopodia fornicata*

210 强壮武装紧握蟹 *Enoplolambrus validus*

211 贪精武蟹 *Parapanope euagora*

212 马氏毛粒蟹 *Pilumnopeus makianus*

213 裸盲蟹 *Typhlocarcinus nudus*

214 细点圆趾蟹 *Ovalipes punctatus*

215 银光梭子蟹 *Portunus argentatus*

216 纤手梭子蟹 *Portunus gracilimanus*

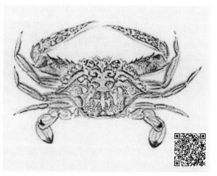

217 拥剑梭子蟹 *Portunus haanii*

218 矛形梭子蟹 *Portunus hastatoides*

219 远海梭子蟹 *Portunus pelagicus*

220 红星梭子蟹 *Portunus sanguinolentus*

221 三疣梭子蟹 *Portunus trituberculatus*

222 拟穴青蟹 *Scylla paramamosain*

223 锐齿蟳 *Charybdis acuta*

224 美人蟳 *Charybdis callianassa*

225 锈斑蟳 *Charybdis feriata*（雄性）

226 日本蟳 *Charybdis japonica*

227 武士蟳 *Charybdis miles*

228 东方蟳 *Charybdis orientalis*

229 光掌蟳 *Charybdis riversandersoni*

230 变态蟳 *Charybdis variegata*

231 直额蟳 *Charybdis truncata*

232 双斑蟳 *Charybdis bimaculata*

233 菜花银杏蟹 *Actaea savignyi*

234 细纹爱洁蟹 *Atergatis reticulatus*

235 粗糙鳞斑蟹 *Demania scaberrima*

236 东方盖氏蟹 *Gaillardiellus orientalis*

237 红斑斗蟹 *Liagore rubromaculata*

238 特异大权蟹 *Macromedaeus distinguendus*

239 凹足蟹 *Psaumis cavipes*

240 四齿大额蟹 *Metopograpsus quadridentatus*

241 粗腿厚纹蟹 *Pachygrapsus crassipes*

242 红螯相手蟹 *Chiromantes haematocheir*

243 墨吉泥毛蟹 *Clistocoeloma merguiense*

245 小相手蟹 *Nanosesarma minutum*

246 斑点拟相手蟹 *Parasesarma pictum*

247 隆背张口蟹 *Chasmagnathus convexus*

248 中华绒螯蟹 *Eriocheir Sinensis*

249 平背蜞 *Gaetice depressus*

250 长足长方蟹 *Metaplax longipes*

251 沈氏长方蟹 *Metaplax sheni*

252 伍氏拟厚蟹 *Helicana wuana*

253 侧足厚蟹（秉氏厚蟹）*Helice latimera*

254 天津厚蟹 *Helice tientsinensis*

255 似方假厚蟹 *Pseudohelice subquadrata*

256 狭颚新绒螯蟹 *Neoeriocheir leptognathus*

257 绒螯近方蟹 *Hemigrapsus penicillatus*

258 肉球近方蟹 *Hemigrapsus sanguineus*

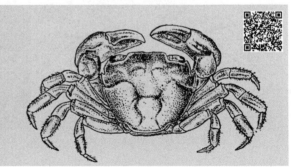

259 中华近方蟹 *Hemigrapsus sinensis*

260 字纹弓蟹 *Varuna litterata*

261 六齿猴面蟹 *Camptandrium sexdentatum*

262 宽身闭口蟹 *Cleistostoma dilatatum*

263 台湾泥蟹 *Ilyoplax formosensis*

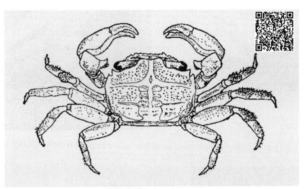

265 锯眼泥蟹 *Ilyoplax serrata*

266 淡水泥蟹 *Ilyoplax tansuiensis*

267 双扇股窗蟹 *Scopimera bitympana*

268 日本大眼蟹 *Macrophthalmus (Mareotis) japonicus*

269 中型三强蟹 *Tritodynamia intermedia*

270 兰氏三强蟹 *Tritodynamia rathbunae*

271 痕掌沙蟹 *Ocypode stimpsoni*

272 弧边招潮 *Uca (Tubuca) arcuata*

273 清白招潮 *Uca (Paraleptuca) lactea*

274 纠结招潮 *Uca (Paraleptuca) perplexa*

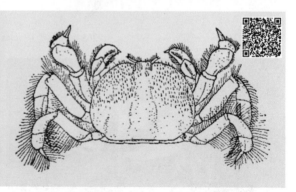

275 豆形短眼蟹 *Xenophthalmus pinnotheroides*

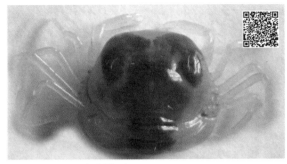

276 中华蚶豆蟹 *Arcotheres sinensis*

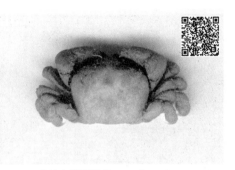

277 大拟豆蟹 *Pinnaxodes major*

278 异钩虾 *Anisogammarus* sp.

279 藻钩虾 *Ampithoe* sp.

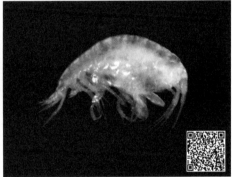

280 细足钩虾 *Stenothoe* sp.

281 日本游泳水虱 *Natatolana japonensis*

284 凹腹盖鳃水虱 *Idotea ochotensis*

286 光背节鞭水虱 *Synidotea laevidorsalis*

287 海蟑螂 *Ligia exotica*

290 中国鲎 *Tachypleus tridentatus*

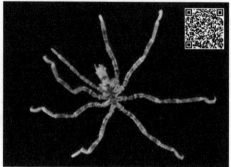

291 希氏砂海蜘蛛 *Ammothea hilgendorfi*

附录Ⅳ 舟山海域常见刺胞动物、环节动物、棘皮动物等名录及图集

多孔动物门 Porifera

寻常海绵纲 Demospongiae

简骨海绵目 Haplosclerida

指海绵科 Chalinidae

001 灰色蜂海绵 *Haliclona cinerea* (Grant, 1826)

002 多样厚指海绵 *Amphimedon complanata* (Duchassaing, 1850)

刺胞动物门 Cnidaria

水螅纲 Leptolida

丝螅水母目 Filifera

真枝螅科 Eudendriidae

003 管状真枝螅 *Eudendrium capillare* Alder, 1856

头螅水母目 Capitata

棍螅水母科 Corynidae

004 小棍螅 *Coryne pusilla* Gaertner, 1774

筒螅水母科 Tubulariidae

005 中胚花筒螅 *Tubularia mcscmbryanthemum* Allman, 1871

锥螅水母目 Conica

桧叶螅科 Sertulariidae

006 广口小桧叶螅 *Sertularella miurensis* Stechow, 1921

八放珊瑚纲 Octocorallia

软珊瑚目 Alcyonacea

柳珊瑚科 Gorgoniidae

007 桂山厚丛柳珊瑚 *Hicksonella guishanensis* Zou, 1977

海鳃目 Pennatulacea

棒海鳃科 Veretillidae

008 哈氏仙人掌海鳃 *Cavernalaris habereri* Moroff, 1902

六放珊瑚纲 Hexacorallia

石珊瑚目 Scleractinia

丁香珊瑚科 Caryophylliidae

009　穴居异杯珊瑚 *Paracyathus cavatus* Alcock, 1893

海葵目 Actiniaria

海葵科 Actiniidae

010　等指海葵 *Actinia equina* (Linnaeus, 1758)

011　日本侧花海葵 *Anthopleura japonica* Verrill, 1899

012　太平洋侧花海葵 *Anthopleura pacifica* Uchida, 1938

013　绿侧花海葵 *Anthopleura midori* Uchida & Muramatsu, 1958

014　黄侧花海葵 *Anthopleura xanthogrammica* (Brandt, 1835)

全丛海葵科 Diadumenidae

015　纵条肌海葵 *Diadumene lineate* (Verrill, 1869)

纽形动物门 Nemertea

略

环节动物门 Annelida

多毛纲 Polychaeta

沙蚕目 Nereidida

沙蚕科 Nereididae

016　双齿围沙蚕 *Perinereis aibuhitensis* (Grube,1878)

017　双管阔沙蚕 *Platynereis bicanaliculata* (Baird,1863)

018　独齿围沙蚕 *Perinereis cultrifera* (Grube,1840)

019　多齿围沙蚕 *Perinereis nuntia* (Savigny,1818)

020　杂色伪沙蚕 *Pseudonereis variegata* (Grube,1857)

021　全刺沙蚕 *Nectoneanthes oxypoda* (Marenzeller, 1879)

022　宽叶沙蚕 *Nereis grubei* (Kinberg,1866)

023　异须沙蚕 *Nereis heterocirrata* Treadwell,1931

024　游沙蚕 *Nereis pelagica* Linnaeus,1758

齿吻沙蚕科 Nephtyidae

025　双鳃内卷齿蚕 *Aglaophamus dibranchis* (Grube,1878)

026　圆锯齿吻沙蚕 *Nephtys glabra* Hartman, 1950

027　加州齿吻沙蚕 *Nephtys californiensis* Hartman,1938

028　多鳃齿吻沙蚕 *Nephtys polybranchia* Southern,1921

叶须虫目 Phyllodocida

吻沙蚕科 Glyceridae

029　白色吻沙蚕 *Glycera alba* (Müller,1788)

030　长吻沙蚕 *Glycera chirori* Izuka,l912

角吻沙蚕科 Goniadidae

031　色斑角吻沙蚕 *Goniada maculata* örsted,1843

多鳞虫科 Polynoidae

032　短毛海鳞虫 *Halosydna brevisetosa* Kinberg,1855

叶须虫科 Phyllodocidae

033　巧言虫 *Eulalia viridis* (Linnaeus,1767)

034　覆瓦背叶虫 *Harmothoë imbricata* (Linnaeus,1767)

矶沙蚕目 Eunicida

矶沙蚕科 Eunicidae

035　岩虫 *Marphysa sanguinea*(Montagu, 1815)

囊吻目 Scolecida

小头虫科 Capitellidae

036　丝异蚓虫 *Heteromastus filiformis* (Claparede,1864)

缨鳃虫目 Sabellida

龙介虫科 Serpulidae

037　内刺盘管虫 *Hydroides ezoensis* Okadu, 1934

038　华美盘管虫 *Hydroides elegans* (Haswell,1883)

039　龙介虫 *Serpula vermicularis* Linnaeus, 1676

苔藓动物门 Bryozoa

略

腕足动物门 Brachiopoda

海豆芽纲 Lingulata

海豆芽目 Lingulida

海豆芽科 Lingulidae

040　鸭嘴指海豆芽 *Lingula anatina* Lamarck,1801

棘皮动物门 Echinodermata

海星纲 Asteroidea

柱体目 Paxillosida

槭海星科 Astropectinidae

041　镶边海星 *Craspidaster hesperus* (Müller & Troschel,1840)

瓣棘海星目 Valvatida

角海星科 Goniasteridae

042　骑士章海星 *Stellaster equestris* Retzius,1805

蛇尾纲 Ophiuroidea

真蛇尾目 Ophiurida

阳遂足科 Amphiuridae

043　滩栖阳遂足 *Amphiura vadicola* Matsumoto,1915

海胆纲 Echinoidea

拱齿目 Camarodonta

刻肋海胆科 Temnopleuridae

044　细雕刻肋海胆 *Temnopleurus toreumatica* (Leske,1778)

045　哈氏刻海胆 *Temnopleurus hardwickii* (Gray,1855)

长海胆科 Echinometridae

046　紫海胆 *Anthocidaris crassispina* (Agassiz,1863)

球海胆科 Strongylocentrotidae

047　马粪海胆 *Hemicentrotus pulcherrimus* (Agassiz,1863)

海参纲 Holothurodea

芋参目 Molpadida

尻参科 Caudinidae

048　海地瓜 *Acaudina molpadioides* (Semper,1868)

049　海棒槌 *Paracaudina chilensis* J. Müller,1850

无足目 Apodida

锚参科 Synaptidae

050　棘刺锚参 *Protankyra bidentata* (Woodward & Barrett,1858)

001 灰色蜂海绵 *Haliclona (Reniera) cinerea*

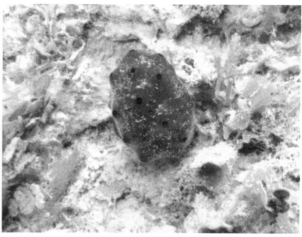

002 多样厚指海绵 *Amphimedon complanata*

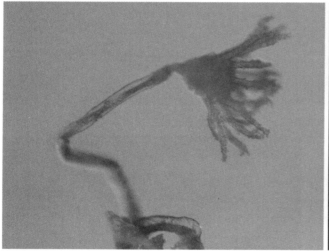

003 管状真枝螅 *Eudendrium capillare*

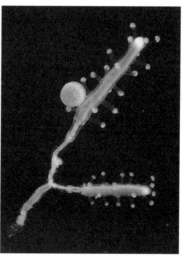

004 小棍螅 *Coryne pusilla*

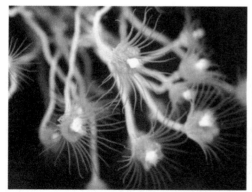

005 中胚花筒螅 *Tubularia mcscmbryanthemum*

006 广口小桧叶螅 *Sertularella miurensis*

007 桂山厚丛柳珊瑚 *Hicksonella guishanensis*

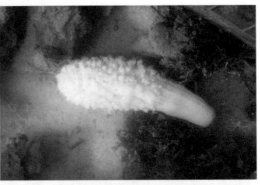

008 哈氏仙人掌海鳃 *Cavernalaris habereri*

009 穴居异杯珊瑚 *Paracyathus cavatus*

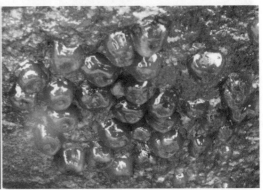

010 等指海葵 *Actinia equina*

011 日本侧花海葵 *Anthopleura japonica*

012 太平洋侧花海葵 *Anthopleura pacifica*

013 绿侧花海葵 *Anthopleura midori*

014 黄侧花海葵 *Anthopleura xanthogrammica*

015 纵条肌海葵 *Diadumene lineate*　　　　　016 双齿围沙蚕 *Perinereis aibuhitensis*

017 双管阔沙蚕 *Platynereis bicanaliculata*　　　　018 独齿围沙蚕 *Perinereis cultrifera*

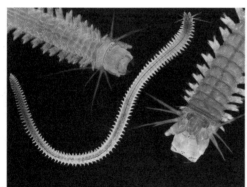

019 多齿围沙蚕 *Perinereis nuntia*　　　　020 杂色伪沙蚕 *Pseudonereis variegata*

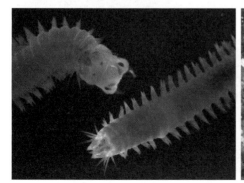

021 全刺沙蚕 *Nectoneanthes oxypoda*　　　　022 宽叶沙蚕 *Nereis grubei*

023 异须沙蚕 *Nereis heterocirrata*

024 游沙蚕 *Nereis pelagica*

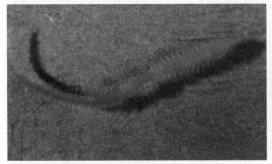

025 双鳃内卷齿蚕 *Aglaophamus dibranchis*

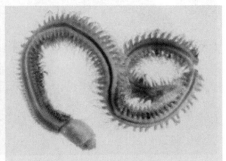

026 圆锯齿吻沙蚕 *Nephtys glabra*

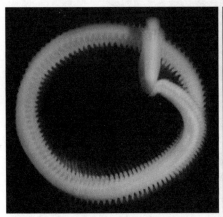

027 加州齿吻沙蚕 *Nephtys californiensis*

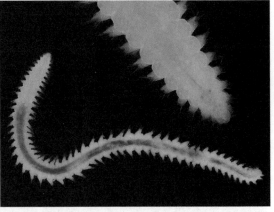

028 多鳃齿吻沙蚕 *Nephtys polybranchia*

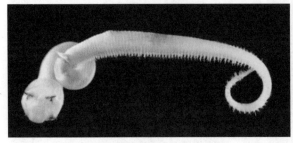

029 白色吻沙蚕 *Glycera alba*

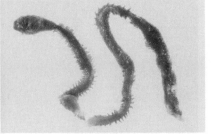

030 长吻沙蚕 *Glycera chirori*

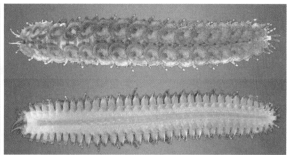

031 色斑角吻沙蚕 *Goniada maculata*　　　　　　032 短毛海鳞虫 *Halosydna brevisetosa*

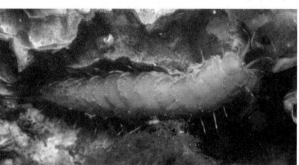

033 巧言虫 *Eulalia viridis*　　　　　　　　034 覆瓦背叶虫 *Harmothoë imbricata*

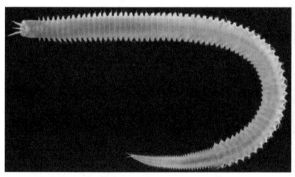

035 岩虫 *Marphysa sanguinea*　　　　　　036 丝异蚓虫 *Heteromastus filiformis*

037 内刺盘管虫 *Hydroides ezoensis*　　　　038 华美盘管虫 *Hydroides elegans*

039 龙介虫 *Serpula vermicularis*

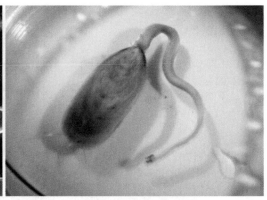

040 鸭嘴指海豆芽 *Lingula anatina*

041 镶边海星 *Craspidaster hesperus*

042 骑士章海星 *Stellaster equestris*

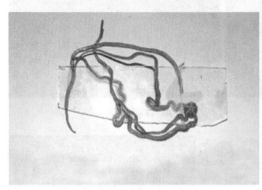

043 滩栖阳遂足 *Amphiura vadicola*

044 细雕刻肋海胆 *Temnopleurus toreumatica*

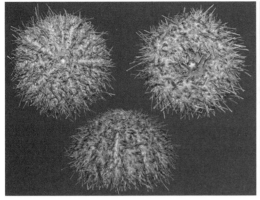

045 哈氏刻海胆 *Temnopleurus hardwickii*

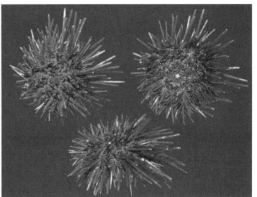

046 紫海胆 *Anthocidaris crassispina*

047 马粪海胆 *Hemicentrotus pulcherrimus*

048 海地瓜 *Acaudina molpadioides*

049 海棒槌 *Paracaudina chilensis*

050 棘刺锚参 *Protankyra bidentata*

附录Ⅴ 舟山海域常见大型底栖藻类名录及图集

褐藻纲 Phaeophyceae

海带目 Laminariales

海带科 Laminariaceae

001　海带 *Laminaria japonica* Areshoug, 1851

002　鹅掌菜 *Ecklonia kurome*

003　裙带菜 *Undaria pinnatifida*

004　绳藻 *Chorda filum*

褐壳藻目 Ralfsiales

褐壳藻科 Ralfsiaceae

005　疣状褐壳藻 *Ralfsia verrucosa*

墨角藻目 Fucales

马尾藻科 Sargassaceae

006　羊栖菜 *Sargassum fusiforme*

007　海篙子 *Sargassum confusum*

008　大叶马尾藻 *Sargassum giganteifolium*

009　半叶马尾藻 *Sargassum hemiphyllum*

010　铜藻 *Sargassum horneri*

011　海黍子 *Sargassum muticum*

012　裂叶马尾藻 *Sargassum siliquastrum*

013　鼠尾藻 *Sargassum thunbergii*

水云目 Ectocarpales

水云科 Ectocarpaceae

014　印度水云 *Feldmannia indica*

015　长囊水云 *Ectocarpus siliculosus*

索藻目 Chordariales

016　叶状铁钉菜 *Ishige sinicola*

017　铁钉菜 *Ishige okamurae*

黏膜藻科 Leathesiaceae

018　黏膜藻 *Leathesia difformis*

网地藻目 Dictyotales

网地藻科 Dictyotaceae

019 褐舌藻 *Spatoglossum pacificum*

020 厚网藻 *Pachydictyon coriaceum*

021 厚缘藻 *Dilophus okamurae*

022 网地藻 *Dictyota dichotoma*

点叶藻科 Punctariaceae

023 点叶藻 *Punctaria latifolia*

萱藻目 Scytosiphonales

萱藻科 Scytosiphonaceae

024 鹅肠菜 *Endarachne binghamiae*

025 幅叶藻 *Petalonia fascia*

026 囊藻 *Colpomenia sinuosa*

027 无节萱藻 *Scytosiphon dotyi*

028 萱藻 *Scytosiphon lomentaria*

红藻纲 Rhodophyceae

海索面目 Nemaliales

海索面科 Nemaliaceae

029 海索面 *Nemalion vermiculare*

红毛菜目 Bangiales

红毛藻科 Bangiaceae

030 红毛菜 *Bangia fuscopurpurea*

031 小红毛菜 *Bangia gloiopeltidicola*

032 长紫菜 *Porphyra dentata*

033 坛紫菜 *Porphyra haitanensis*

034 圆紫菜 *Porphyra suborbiculata*

035 条斑紫菜 *Porphyra yezoensis*

红皮藻目 Rhodymeniales

红皮藻科 Rhodymeniaceae

036 金膜藻 *Chrysymenia wrightii*

环节藻科 Champiaceae

037 荧光环节藻 *Champia bifida*

038 环节藻 *Champia parvula*

039 扁节荚藻 *Lomentaria pinnata*

江蓠目 Gracilariales

江蓠科 Gracilariaceae

040 真江蓠 *Gracilaria vermiculophylla*

041   龙须菜 *Gracilariopsis lemaneiformis*

杉藻目 Gigartinales

海膜科 Halymeniaceae

042   盾果藻 *Carpopeltis affinis*

043   海膜 *Halymenia floresia*

044   小杉藻 *Gigartina intermedia* Sur.

045   线形杉藻 *Gigartina tenella* Harv

046   拟厚膜藻 *Pachymeniopsis elliptica*

047   蜈蚣藻 *Grateloupia filicina*

048   披针形蜈蚣藻 *Grateloupia lanceolata*

049   舌状蜈蚣藻 *Grateloupia livida*

050   长枝蜈蚣藻 *Grateloupia prolongata*

051   繁枝蜈蚣藻 *Grateloupia ramosissima*

052   带形蜈蚣藻 *Grateloupia turuturu*

053   冈村蜈蚣藻 *Grateloupia okamurae*

海头红科 Plocamiaceae

054   海头红 *Plocamium telfairiae*

红翎菜科 Solieriaceae

055   细弱红翎菜 *Solieria tenuis*

茎刺藻科 Caulacanthaceae

056   茎刺藻 *Caulacanthus ustulatus*

内枝藻科 Endocladiaceae

057   海萝 *Gloiopeltis furcata*

058   鹿角海萝 *Gloiopeltis tenax*

沙菜科 Hypneaceae

059   鹿角沙菜 *Hypnea cervicornis*

杉藻科 Gigartinaceae

060   角叉藻 *Chondrus ocellatus*

育叶藻科 Phyllophoraceae

061   扇形拟伊藻 *Ahnfeltiopsis flabelliformis*

珊瑚藻目 Corallinales

珊瑚藻科 Corallinaceae

062   带形叉节藻 *Amphiroa zonata*

063   粗珊藻 *Calliarthron yessoense*

064   珊瑚藻 *Corallina officinalis*

065   小珊瑚藻 *Corallina pilulifera*（无柄珊瑚藻）

001 海带 *Laminaria japonica*　　　　002 鹅掌菜 *Ecklonia kurome*

003 裙带菜 *Undaria pinnatifida*　　　　004 绳藻 *Chorda filum*

005 疣状褐壳藻 *Ralfsia verrucosa*　　　　006 羊栖菜 *Sargassum fusiforme*

007 海蒿子 *Sargassum confusum*　　　　008 大叶马尾藻
Sargassum giganteifolium

009 半叶马尾藻 *Sargassum hemiphyllum*

010 铜藻 *Sargassum horneri*

011 海黍子 *Sargassum muticum*

012 裂叶马尾藻 *Sargassum siliquastrum*

013 鼠尾藻 *Sargassum thunbergii*

014 印度水云 *Feldmannia indica*

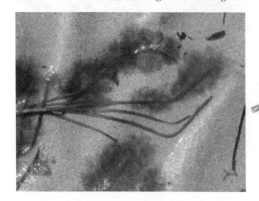

015 长囊水云 *Ectocarpus siliculosus*

016 叶状铁钉菜 *Ishige sinicola*

017 铁钉菜 *Ishige okamurae*

019 褐舌藻 *Spatoglossum pacificum*

021 厚缘藻 *Dilophus okamurae*

023 点叶藻 *Punctaria latifolia*

018 黏膜藻 *Leathesia difformis*

020 厚网藻 *Pachydictyon coriaceum*

022 网地藻 *Dictyota dichotoma*

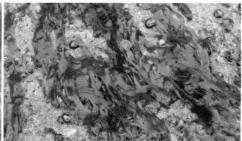

024 鹅肠菜 *Endarachne binghamiae*

025 幅叶藻 *Petalonia fascia*

026 囊藻 *Colpomenia sinuosa*

027 无节萱藻 *Scytosiphon dotyi*

028 萱藻 *Scytosiphon lomentaria*

029 海索面 *Nemalion vermiculare*

030 红毛菜 *Bangia fuscopurpurea*

031 小红毛菜 *Bangia gloiopeltidicola*

032 长紫菜 *Porphyra dentata*

033 坛紫菜 *Porphyra haitanensis*

034 圆紫菜 *Porphyra suborbiculata*

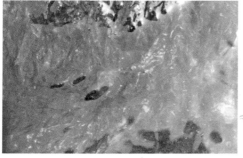

035 条斑紫菜 *Porphyra yezoensis*

036 金膜藻 *Chrysymenia wrightii*

037 荧光环节藻 *Champia bifida*

038 环节藻 *Champia parvula*

039 扁节荚藻 *Lomentaria pinnata*

040 真江蓠 *Gracilaria vermiculophylla*

041 龙须菜 *Gracilariopsis lemaneiformis* 042 盾果藻 *Carpopeltis affinis*

043 海膜 *Halymenia floresia* 044 小杉藻 *Gigartina intermedia*

045 线形杉藻 *Gigartina tenella* 046 拟厚膜藻 *Pachymeniopsis elliptica*

047 蜈蚣藻 *Grateloupia filicina* 048 披针形蜈蚣藻 *Grateloupia lanceolata*

049 舌状蜈蚣藻 *Grateloupia livida*

050 长枝蜈蚣藻 *Grateloupia prolongata*

051 繁枝蜈蚣藻 *Grateloupia ramosissima*

052 带形蜈蚣藻 *Grateloupia turuturu*

053 冈村蜈蚣藻 *Grateloupia okamurae*

054 海头红 *Plocamium telfairiae*

055 细弱红翎菜 *Solieria tenuis*

056 茎刺藻 *Caulacanthus ustulatus*

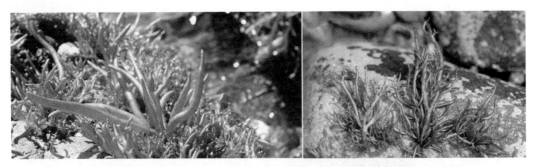

057 海萝 Gloiopeltis furcata　　　　　　　058 鹿角海萝 Gloiopeltis tenax

059 鹿角沙菜 Hypnea cervicornis　　　　　　060 角叉藻 Chondrus ocellatus

061 扇形拟伊藻 Ahnfeltiopsis flabelliformis　　062 带形叉节藻 Amphiroa zonata

063 粗珊藻 Calliarthron yessoense　　　　　　064 珊瑚藻 Corallina officinalis

065 小珊瑚藻 *Corallina pilulifera*　　　　066 冈村石叶藻 *Lithophyllum okamurae*

067 拟鸡毛菜 *Pterocladiella capillacea*　　　　068 石花菜 *Gelidium amansii*

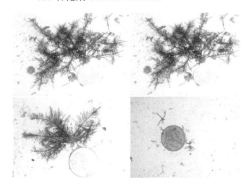

069 大石花菜 *Gelidium pacificum*　　　　070 细毛石花菜 *Gelidium crinale*

071 小石花菜 *Gelidium divaricatum*　　　　072 中肋石花菜 *Gelidium japonicum*

073 匍匐石花菜 *Gelidium pusillum*

074 具钩顶群藻 *Acrosorium venulosum*

075 顶群藻 *Acrosorium yendoi*

076 鹧鸪菜 *Caloglossa leprieurii*

077 羽状凹顶藻 *Laurencia pinnata*

078 粗枝软骨藻 *Chondria crassicaulis*

079 鸭毛藻 *Symphyocladia latiuscula*

080 三叉仙菜 *Ceramium kondoi*

081 圆锥仙菜 *Ceramium peniculatum*

082 叉枝伊谷藻 *Ahnfeltia furcellata*

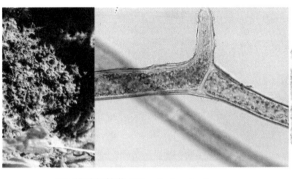

083 错综根枝藻 *Rhizoclonium implexum*

084 线形硬毛藻 *Chaetomorpha linum*

085 螺旋硬毛藻 *Chaetomorpha spiralis*

086 条浒苔 *Enteromorpha clathrata*

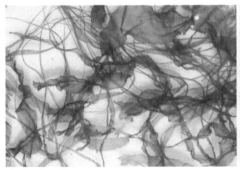

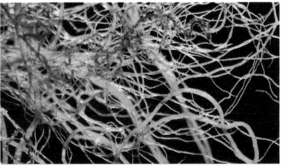

087 肠浒苔 *Enteromorpha intestinalis*

088 浒苔 *Enteromorpha prolifera*

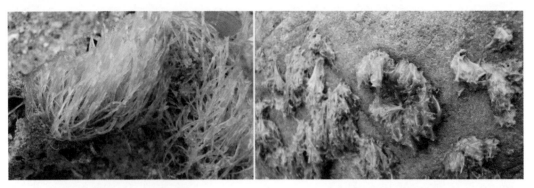

089 管浒苔 *Enteromorpha tubulosa*

090 礁膜 *Monostroma nitidum*

091 砺菜 *Ulva conglobata*

092 石莼 *Ulva lactuca*

093 孔石莼 *Ulva pertusa*

094 刺松藻 *Codium fragile*

095 丛簇羽藻 *Bryopsis duplex*

096 假根羽藻 *Bryopsis corticulans*

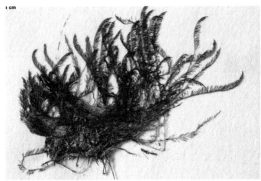

097 羽状羽藻 *Bryopsis pennata*　　　　098 羽藻 *Bryopsis plumosa*

参考文献

蔡如星，黄惟灏．1991. 浙江动物志·软体动物 [M]. 杭州：浙江科学技术出版社．

蔡丽萍，金敬林，吴盈子，等．2014. 舟山马鞍列岛海洋特别保护区岩相潮间带底栖藻类初步调查与研究 [J]. 海洋开发与管理，04:89-94.

陈东，孙长森，涂丽莉，等．2010. 脊尾白虾与东方白虾形态特征鉴别 [J]. 安徽农业科学，38（20）:10724.

陈小庆，陈斌，黄备，等．2010. 夏季舟山渔场及邻近海域浮游动物群落结构特征分析 [J]. 动物学研究，01.

成庆泰，郑葆珊．1987. 中国鱼类系统检索 [M]. 北京：科学出版社．

陈椿寿．1932. 浙江海产蟹类之调查 [J]. 中华农学会报，(107).

陈惠莲，孙海宝．2002. 中国动物志·无脊椎动物：第三十卷，节肢动物门·甲壳动物亚门·短尾次目·海洋低等蟹类 [M]. 北京：科学出版社．

董聿茂，胡奭英，汪宝永．1978. 浙江海产蟹类 [J]. 动物学杂志，(2): 6-9.

董聿茂，毛节荣．1956. 浙江舟山蟹类的初步调查 [J]. 浙江师范学院学报，(2): 273-282.

董聿茂，汪宝永．1988. 东海深海甲壳动物 [M]. 杭州：浙江科学技术出版社，72-96.

董聿茂，虞研原，胡奭英．1959. 浙江沿海游泳虾类报告Ⅰ [J]. 动物学杂志．

董聿茂，胡奭英．1980. 浙江沿海游泳虾类报告Ⅱ [J]. 动物学杂志，(2):20-24.

董聿茂，胡奭英，汪宝永．1986. 浙江沿海游泳虾类报告Ⅲ [J]. 动物学杂志，(5): 4-6.

董正之．1988. 中国动物志·软体动物门：头足纲 [M]. 北京：科学出版社．

丁跃平，宋海棠，俞存根．2003. 浙江近海游泳虾类的种类与区系组成及区系性质研究 [J]. 浙江海洋学院学报，22(2):131-136.

黄宗国，林茂．2012. 中国海洋生物图集：第五册 [M]. 北京：海洋出版社．

黄宗国，林茂．2012. 中国海洋生物图集：第六册 [M]. 北京：海洋出版社．

黄宗国．1994. 中国海洋生物种类与分布 [M]. 北京：海洋出版社，545-600.

黄宗国．2008. 中国海洋生物种类与分布 [M]. 增订版．北京：海洋出版社，640-671.

韩庆喜．2009. 中国及相关海域褐虾总科系统分类学和动物地理学研究 [D]. 青岛：中国科学院海洋研究所．

湖北省水生物研究所鱼类研究室．1976. 长江鱼类志 [M]. 北京：科学出版社．

姜乃澄，卢建平．2005. 浙江海滨动物学野外实习指导 [M]. 杭州：浙江大学出版社．

蒋维．2006. 中国海豆蟹科 Family Pinnotheridae 分类学研究 [D]. 北京：中国科学院研究生院．

蒋忠妙，郑国平，陈木森．2002. 舟山群岛海洋药用动物资源及民间应用调查 [J]. 中国海洋药物，85(1): 53-57.

金莉莉，刘渝仙．1988. 浙江洞头岛经济虾类 [J]. 海洋渔业，(4).

刘瑞玉．2008. 中国海洋生物名录 [M]. 北京：科学出版社．

刘瑞玉，王永良 . 1987. 中国近海仿对虾属的研究 [J]. 海洋与湖沼，18(6): 531-533.

刘瑞玉 . 2003. 关于对虾类 (属) 学名的改变和统一问题 [C]// 中国甲壳动物学会 . 甲壳动物学论文集：第四辑 . 北京：科学出版社 . (4):104-122.

李思忠，王惠民 . 1995. 中国动物志：硬骨鱼纲·鲽形目 [M]. 北京：科学出版社 .

良象秋 . 2004. 中国动物志·无脊椎动物：第三十六卷，甲壳动物亚门·十足目·匙指虾科 [M]. 北京：科学出版社，45-75，133-198.

林锦宗 . 1980. 浙江北部近海虾类资源现状 [J]. 海洋渔业，(06):6-8.

李星颉，戴健寿，吴常文 . 1986. 浙江北部沿岸海域的虾类资源 [J]. 浙江水产学院学报，5(1):14-15.

毛锡林，蒋文波 . 1991. 舟山海域海洋生物志 [M]. 杭州：浙江人民出版社，113-126.

毛欣欣，蒋霞敏，傅财华 . 2011. 朱家尖潮间带底栖海藻分布特征 [J]. 宁波大学学报：理工版，24(2)：31-36.

苗振清 . 2009. 浙江南部外海渔业资源可持续利用研究 [D]. 青岛：中国海洋大学，74-77.

马兆党，宋庆云 . 1992. 东海黑潮区莹虾类的初步研究 [J]. 黄渤海海洋，10(4):57.

孟庆闻，苏锦祥，缪学祖 . 1995. 鱼类分类学 [M]. 北京：中国农业出版社 .

农牧渔业部水产局等 . 1987. 东海区渔业资源调查和区划 [M]. 上海：华东师范大学出版社，661.

倪勇，王幼槐，许成玉，等 . 1990. 上海鱼类志 [M]. 上海：上海科学技术出版社 .

普陀县志编写组 . 1994. 舟山海域海洋生物志 [M]. 杭州：浙江人民出版社 .

齐钟彦 . 1998. 中国经济软体动物 [M]. 北京：中国农业出版社 .

宋海棠，俞存根，丁跃平 . 1992. 浙江中南部外侧海区的虾类资源 [J]. 东海海洋，10(3):54-58.

宋海棠，俞存根，薛利建，等 . 2006. 东海经济虾蟹类 [M]. 北京：海洋出版社，19-82.

宋海棠，丁天明 . 1995. 东海北部海域虾类不同生态类群分布及渔业 [J]. 台湾海峡，14(1)：67-72.

沈世杰 . 1993. 台湾鱼类志 [M]. 台北：台湾大学 .

苏锦祥 . 2002. 中国动物志·硬骨鱼纲：鲀形目、海蛾鱼目、喉盘鱼目、鮟鱇目 [M]. 北京：科学出版社 .

邵广昭 . 2016. 台湾鱼类资料库 [EB/OZ]. 台北：数位典藏国家型科技计划 .[2016-6-29], http://fishdb.sinica.edu.tw.

邵亿 . 2004. 舟山海域蟹类名录新考 [D]. 舟山：浙江海洋学院 .

沈嘉瑞，戴爱云 . 1963. 中国海蟹类区系特点的初步研究 [J]. 海洋与湖沼，5(2):139-153.

沈嘉瑞，刘瑞玉 . 1976. 我国的虾蟹 [M]. 北京：科学出版社，78-127.

宋海棠，俞存根，薛利建，等 . 2006. 东海经济虾蟹类 [M]. 北京：海洋出版社，83-143.

孙红英，周开亚，景开颜，等 . 2002. 从线粒体 16S rDNA 部分序列探讨厚蟹属的系统学位置 [J]. 南京师范大学学报：自然科学版，25(1):15-19.

孙红英，周开亚，杨小军，等 . 2003. 从线粒体 16S rDNA 序列探讨绒螯蟹类的系统发生关系 [J]. 动物学报，49(5):592-599.

魏崇德 . 1991. 浙江动物志·甲壳动物 [M]. 杭州：浙江科学技术出版社 .

伍汉霖，邵广昭，赖春福 . 1999. 拉汉世界鱼类名典 [M]. 台湾：水产出版社 .

王复振 . 1986. 中国的瓷蟹 [J]. 海洋湖沼通报，(4):51-54.

王彝豪 . 1982. 舟山沿海经济虾类及主要品种的资源调查 [J]. 海洋渔业，(05)：202-206.

王彝豪 . 1987. 舟山沿海经济虾类及其区系特点 [J]. 海洋与湖沼，18(1): 48-50.

王一农，尤仲杰，等 . 1990. 舟山朱家尖岛潮间带软体动物生态初步调查 [J]. 东海海洋，8(1) : 67-73.

吴宝华 . 1956. 浙江舟山蛤类的初步调查 [J]. 浙江师范学院学报：自然科学，297-322.

巫文隆 . 2013. 台湾贝类资料库［EB/OZ］. 台北：数位典藏国家型科技计划 [2016-06-28] .http://shell.
    sinica.edu.tw/.

徐琰 . 2005. 中国近海仿对虾属分子系统演化和近似种问题的研究 [D]. 青岛：中国科学院海洋研究所 .

徐雪娜，黄潮列，方李宏，等 . 2005. 朱家尖岛滨海小流域湿地的蟹类 [J]. 杭州师范学院学报：自然科学版，
    4(01):46-48.

杨万喜，陈永寿 . 1996. 嵊泗列岛岩相潮间带底栖生物种类组成及区系特点 [J]. 河北师范大学学报：自然
    科学版，20(4): 82-85.

叶雪芳 . 2006. 舟山海域蟹类种类及形态特征研究 [D]. 舟山：浙江海洋学院 .

俞存根，宋海棠，姚光展 . 2004. 东海大陆架海域蟹类资源量的评估 [J]. 水产学报，28(1):41-46.

俞存根，宋海棠，姚光展 . 2003. 东海蟹类的区系特征和经济蟹类资源分布 [J]. 浙江海洋学院学报，
    22(2):109-117.

俞存根，宋海棠，姚光展 . 2005. 东海蟹类群落结构特征的研究 [J]. 海洋与湖沼，36(3):213-220.

俞存根，宋海棠，姚光展，等 . 2006. 东海大陆架海域经济蟹类种类组成和数量分布 [J]. 海洋与湖沼，
    37(01):53-59.

俞存根，宋海棠，姚光展，等 . 2003. 东海蟹类种类组成和数量分布 [C]// 本书编写组 . 我国专属经济区
    和大陆架勘测研究论文集 . 北京：海洋出版社，332-340.

俞存根，宋海棠，姚光展，等 . 2003. 浙江近海蟹类资源合理利用研究 [J]. 海洋渔业，25(3): 136-141.

虞研原，胡英英，翁芷芬，等 . 1981. 浙江沿海经济无脊椎动物分布概况 [J]. 浙江水产学院，(2).

尤仲杰，徐善良，谢起浪 . 2000. 浙江沿岸的贝类资源及其增养殖 [J]. 东海海洋，18(1)，50-55.

尤仲杰，王一农 . 1989. 舟山沿海软体动物的分布及其区系特点 [J]. 动物学杂志，24(6):l-7.

尤仲杰，李建伟，洪君超 . 1985. 浙江沿海的双壳类 [J]. 浙江水产学院学报，4(2): l33-144.

尤仲杰，李建伟，洪君超 . 1985. 浙江沿海前鳃类软体动物的分布及其区系 [J]. 浙江水产学院学报，
    4(1):25-34.

尤仲杰，洪君超，王一农，等 . 1997. 舟山嵊山岛岩相潮间带生物分布特征 [J]. 宁波大学学报，01.

赵盛龙，钟俊生 . 2006. 舟山海域鱼类原色图鉴 [M]. 杭州：浙江科学技术出版社 .

赵盛龙，张义浩，吴常文，等 .2004.中国海洋鱼类数据库［EB/OZ］. 舟山：浙江海洋大学 .[2016-05-20].
    http://site1.zjou.edu.cn/fish/index.asp.

赵蒙蒙，徐兆礼 . 2011. 三门湾海域冬夏季口足目和十足目虾类的种类组成、时空分布及多样性分析 [J].
    动物学杂志，46(3):11-18.

郑重 . 1954. 厦门海洋浮游甲壳类的研究（二）莹虾 [J]. 厦门大学学报：海洋生物版，(03): 10.

朱元鼎，张春霖，成庆泰 . 1963. 东海鱼类志 [M]. 北京：科学出版社 .

朱元鼎，伍汉霖，金鑫波，等 . 1985. 福建鱼类志 [M]. 福州：福建科学技术出版社 .

朱元鼎，孟庆闻，殷名称，等 . 2001. 中国动物志·圆口纲、软骨鱼纲 [M]. 北京：科学出版社 .

褚新洛，郑葆珊，戴定远，等．1999. 中国动物志·硬骨鱼纲：鲇形目 [M]. 北京：科学出版社．

舟山市统计局．2008. 舟山统计年鉴 (2008) [M]. 北京：中国统计出版社，48-49.

张世义．2001. 中国动物志·硬骨鱼纲：鲟形目、海鲢目、鲱形目、鼠鱚目 [M]. 北京：科学出版社．

张义浩，王志铮，吴常文，等．2002. 舟山群岛定生海藻种类组成、生态分布及区系特征研究 [J]. 浙江海
洋学院学报，21(2)：98-105.

周宏，杨万喜．2001. 嵊泗列岛岩相潮间带底栖海藻种类组成及区系特点 [J]. 海洋沼泽通报，(2):35-40.

Chave J, Coomes D, Jansen S.2016. Encyclopedia of Life[EB/OZ]. Chicago :The University of Chicago Press.
[2016-06-20]. http://eol.org.

Froese R. ,Pauly D. . 2016. FishBase[EB/OZ]. Canada:World Wide Web electronic publication. [2016-05-20].
http://www.fishbase.org, version.

Guiry M.D., Guiry G.M. 2016. AlgaeBase［EB/OZ］.Galway:World-wide electronic publication. [2016-06-28].
http://www.algaebase.org.

Palomares, M.L.D. , Pauly D. . 2016. SeaLifeBase［EB/OZ］. Vancouver: World Wide Web electronic
publication. [2016-06-28]. http://www.sealifebase.org.

Qin, Haining, et al. 2013. 中国生物物种名录［EB/OZ］. 北京 : 科学出版社 . http://base.sp2000.cn/colchina_
c15/search.php.

WoRMS Editorial Board .2016. World Register of Marine Species[EB/OZ]. België: VLIZ. [2016-06-28].
http://www.marinespecies.org.